群处守嘴

张笑恒◎著

独处守心

沈阳出版发行集团
沈阳出版社

图书在版编目（CIP）数据

群处守嘴，独处守心 / 张笑恒著 . -- 沈阳 : 沈阳出版社 , 2019.9

ISBN 978-7-5441-6913-4

Ⅰ . ①群… Ⅱ . ①张… Ⅲ . ①人际关系学—通俗读物 ②个人—修养—通俗读物 Ⅳ . ① C912.1-49 ② B825-49

中国版本图书馆 CIP 数据核字（2019）第 052642 号

出版发行：沈阳出版发行集团|沈阳出版社

（地址：沈阳市沈河区南翰林路10号 邮编：110011）

网　　址：http://www.sycbs.com

印　　刷：天津中印联印务有限公司

幅面尺寸：170mm × 240mm

印　　张：14.5

字　　数：210千字

出版时间：2019年9月第1版

印刷时间：2019年9月第1次印刷

责任编辑：马　驰

封面设计：末末美书

版式设计：文　艺

责任校对：王玉位

责任监印：杨　旭

书　　号：ISBN 978-7-5441-6913-4

定　　价：45.00元

联系电话：024-24112447

E - mail：sy24112447@163.com

本书若有印装质量问题，影响阅读，请与出版社联系调换。

前言 —— Preface

明明是想要送给对方礼物，却被对方看作是施舍；明明是为对方着想，最终却引来对方的误会；明明只是一句玩笑话，却让对方感受到满满的恶意；明明只是好心帮忙，却遭到对方的记恨……

在生活和工作中，我们不可避免与他人相处，酒桌上的客套，朋友间的闲聊，商场上的谈判……甚至可以说我们与他人相处的能力也能够从某种程度上决定我们所能够达到的高度。

但是，在我们与他人相处的过程中就会发现，自己并不是应对任何情况都显得游刃有余；恰恰相反，在大多数情况下，我们并不知道自己该如何开口。如何开口才能够引起对方的好感？遇到意见不同怎么反驳对方？如何谢绝对方的好意？怎么批评才不会引起对方反感？面对这些问题，我们大多数人都是一头雾水。

我们常常会在人际交往中显得手足无措，害怕给对方留下不好的印象。其实这些都没有我们想象中的那么难，说到底也只是我们不会说话而已。在与他人相处的过程中，如果我们能够知道怎样说话、说什么样的话、说话时应该注意点什么、我们的每一句话会为我们带来怎样的后果，那么我们就能够在人际交往中处处抢占先机，甚至我们什么都不做也能够得到他人的尊重。反之，我们就会发现自己总是莫名其妙地得罪人，就算我们处处为对方着想也会遭到对方的埋怨。

这是指我们与他人相处的时候，那么在我们独处的时候又是什么情况呢？

古人云“静坐常思己过，闲谈莫论人非”，其实在我们独处的时候就是一个自我思考、自我反思的最佳时机。拉布叶说过“我们承受所有不幸皆因我们无法独处”，古今中外很多名人都对独处情有独钟，甚至叔本华专门为此写下了《关于独处》一书，由此可见独处的重要性。

曾国藩在任职两江总督的时候，曾经有一位县令拿着王羲之书法的唐代摹刻帖来找他，这算得上是宋代淳化阁帖的祖本，可以说是弥足珍贵、价值连城，曾国藩对此自然是爱不释手。不过他在把玩了片刻之后便还了回去，只留下八个字:“世间尤物，不敢妄取。”

曾国藩常说“慎独则心安”，慎独，最难的是在遭受外界诱惑的时候，还能坚守自己初心不改。

或许我们做不到像那些名人一样伟大，但是我们却也都有着属于自己的坚持，而本书所要说的，也正是这些同我们生活息息相关的坚持。比如，我们如何守护自己的梦想，如何看待他人的建议，如何抵挡身边的诱惑，如何遵循内心的选择……

古人云“群处守嘴，独处守心”，其实就是想告诫我们：在与他人相处的时候，要管住自己的嘴。说话之前不妨再三考虑，确定没有问题，不会因此得罪别人之后再开口。在一个人独处时，就要时刻管住自己的内心，不因外人的“意见”影响到自己的真实想法，更不要被这个物欲横流的环境所诱惑，从而迷失了自己。

群处守嘴，就是为了让我们交友遍天下，为我们的人际关系铺平道路。独处守心，却是为了提高自我，达成“修身、齐家、治国、平天下”的理想。本书分为两个部分，从“群处守嘴”和“独处守心”两个方面入手，对外提高我们人际交往的能力，对内遵循本心，勇敢做自己。只要掌握本书的技巧和方法，相信我们会变成一个更加符合心意的自己。

目录 —— Contents

上篇　群处守嘴

第一章　场面上的话，即使是客套也真诚地说

第二章　知晓禁忌，拿捏尺度不越雷区半步

第五章 批评的话，掌握好分寸地说

第六章 拒绝的话，委婉而不伤和气地说

下篇　独处守心

第七章　不要因为走得太远，却忘了我们的初心

第八章　不因别人的建议，屏蔽自己内心的声音

第九章 诱惑太多，别在欲望中迷失自我

第十章 十字街头的彷徨，遵循内心去选择

第十一章 戒了吧焦虑症，让灵魂跟上你的脚步

第十二章 在功利的世界，我们要极简地生活

上篇

群处守嘴

第一章 场面上的话，即使是客套也真诚地说

1. 关系再好，必要的客套话也不能少

“久仰久仰！”

“辛苦了，改天请你吃饭。”

“这是您闺女吧，长得可真像您。”

在日常生活或工作中，我们总是会听到各式各样的客套话。但是我们很多人却都看不上客套话，认为客套话过于虚伪，是对待陌生人的面具。有人认为面对朋友应该坦诚相待，与朋友相处总是喜欢直言直语，还为自己挂上一个“率直”的名号。殊不知我们这种所谓的“快人快语”，恰恰是导致自己朋友越来越少、人际关系破裂的重要原因。

汪强一直是属于那种心直口快的人，向来想到什么说什么，从来不考虑别人的感受。

一次回家过年，汪强听说侄子还没有找到工作，便想给侄子介绍工作。

侄子却婉言拒绝：“同学邀请我一起组建游戏工作室，我想趁着年轻去试试。”

汪强听后有些不屑：“你这大学真是白上了，天天打游戏能有什么前途，还不如找个工厂老老实实上班。”

侄子听后心中不快，但碍于汪强是长辈不好发作，只能到一边闷闷不乐。

侄子的父母也是一脸不高兴，心说：自己的儿子再不争气，也轮不到别人

来教训。于是就渐渐与汪强一家疏远，后来几乎断了联系。

客套不等于虚伪，率直也不是我们可以恶语伤人的理由。

我们与人交往的时候，总是会暴露出自身所存在的不足，有些是我们没有发现，有些是我们本身知道却因为种种原因没能改正。但无论是哪种情况我们都不希望被他人肆意点评，尤其是在被关系好的人以“我这都是为你好”为借口进行批评的时候，我们就连反驳的理由都找不出来，只能默默地承受苦楚。

反过来也是如此，当我们抛下客套话，对他人直言直语，一旦遇到对方恼羞成怒就将一切责任推到对方身上，甚至将一顶“不识好人心”的帽子强行扣在对方头上的时候，我们就与那些恶语伤害我们的人没有什么区别了。所以，学会委婉表达，才能让彼此之间的关系更加长久。

朱莉周末陪同闺密逛街买衣服，走进一家店铺后闺密看到一件白色连衣裙，心动不已，不停询问朱莉的意见。

朱莉仔细看了看，发现衣服确实不错，样式也是今年最新款，但闺密手中拿的那件衣服明显就是给正在上学的年轻人穿的，对于闺密这种已经工作好几年的人来说，根本不合适。

但是朱莉也明白“爱美之心，人皆有之”，闺密肯定也不会希望听到自己说她年纪太大，于是决定先说几句客套话：“这衣服确实不错，也挺合适你的，尤其能够衬托出你的肤色。”

见闺密听着高兴，朱莉又婉言提出自己的意见：“但是这件衣服太不方便，也只能在家穿穿，咱们工作这么忙，休息时也常常在外奔波，没什么穿的机会，要不再看看别的？”

闺密想了想，还是听从了朱莉的意见。因为朱莉说话让人舒心，双方关系越来越亲密。

那么我们要如何学会说好客套话呢？

首先，转变自己的观念，坦诚待人。我们都喜欢坦诚的人，但是这个坦诚却和我们说出来的话没有关系，而是和说话语气、态度有关。我们都有过这样的经历，有人说“来点什么”让我们感觉很舒服，而有人说“随便点，我请客”却让人感到反感，原因正在于态度与语气的不同。真诚待人无论怎么做都会给人留下一种如沐春风的温暖，所以想要说好客套话，让周围的朋友更加喜欢自己，就要转变自己的观念，让自己的态度更加坦然，语气更加真诚。

其次，为人处世要变通，对待不同的场合说不同的话。试想一下，当我们准备与某人谈一件正事时，他突然来句客套话我们会是怎样的感受，是否会感觉心中有无数的话突然不知道该怎么开口。所以在不同的场合下，我们的场面话也要有一些变通。在一些比较严肃的场合，其实并不适合说场面话，最好实事求是。

最后正确理解客套话，不仅做到会说，还要做到会听。日常生活中离不开场面话，但我们却要做到点到为止，宜精不宜多。一味地场面话会让彼此之间的交流变得毫无意义，甚至会让对方感觉到虚伪，从而心生反感。所以在我们日常交流的时候，以简单几句客套话开场即可，不必深入，为对方留下开口的空间，也为之后的交流留下空间。

客套话的重要性不言而喻，在我们日常交友过程中，并不能因为对方与自己关系好就肆意妄为、快人快语，这样迟早会引起好友的不满，渐渐导致双方疏远。掌握一定的客套话，在交友的过程中适当运用，会让彼此之间的关系更加牢固。

2. 酒桌上的祝酒词不可不学

谈起酒桌文化很多人都会感到反感，但在我们日常生活中总是有些聚会不可避免，那么酒桌上的祝酒词就不可不学。好的祝酒词能够让对方心生愉悦，而不会说祝酒词的人会让对方心生反感，甚至会影响彼此之间的交情。

华绍峰受邀参加朋友奶奶的九十大寿，见周围人上前敬酒，祝酒词都是些“福如东海”“寿比南山”之类的话语，没有一点新意，就想着自己的祝酒词应该有些变动。

但是华绍峰文化水平不高，想破脑袋也没想出来好词，最后只能硬着头皮来一句：“祝您长命百岁。”

这话一出口他就有些后悔，朋友的脸色瞬间变了，好在老人比较大度，并没有当场发作，而是轻飘飘一句带过。但是华绍峰与朋友的关系，却在此后渐渐疏远。

随着生活水平的提高，酒桌在生活工作中所占的比重越来越重，酒桌文化的地位也随之拔高，而祝酒词恰恰是酒桌文化的一种重要体现。

在酒桌上我们不喝酒可能并不会引起他人反感，但是不会说祝酒词就会影响彼此的人际关系，所以说好祝酒词就显得尤为重要。

杜常峰从事销售工作，常常参加各种聚会，渐渐总结出一套能够让他在酒桌上如鱼得水的祝酒词。

一次他参加朋友婚礼，遇到新郎新娘前来敬酒，便端起酒杯对朋友说：“我这人没啥文化水平，但就是认死理，我们就认准这弟妹了，日后你要是对不起她，哥几个可饶不了你。”

他嘴上虽然没说一句祝福的话，却让朋友听着暖心，一句话瞬间拉近了他们的距离。

祝酒词往往能够代表一个人的文化水平、职业素养及行事准则。

那么我们如何才能够说好祝酒词呢？

首先说话真诚，切勿油腔滑调。会说话并不能与油嘴滑舌相提并论，会说话的人能把话说到别人心坎里，而油嘴滑舌却会引起他人反感，在酒桌上尤其需要忌讳。与亲朋好友聚会时，一味油腔滑调会显得我们待人不诚；在与同事客户间的商业聚会中，油嘴滑舌又会显得我们过于轻浮。

所以我们在说祝酒词的时候，真诚贴心即可，不必一心只想着称赞对方。就好比我们在为长辈祝寿的时候，说一万句“寿比南山”也比不上一句“爸妈辛苦了”，简单的一句问候更有效果。

其次语言要简练，避免长篇大论、自顾自说。很多人在说祝酒词的时候，总是喜欢滔滔不绝，将祝酒词当作展现自己口才的机会，然而这样可能会适得其反。会说话和能说话并不是一个意思，会说话讲究的是将话说进对方的心坎里，而长篇大论只会让对方觉得枯燥无味。所以语言简练尤为重要，毕竟酒桌上这么多人，也没人有时间一直听一个人说话，用最简练的语句，将自己的祝酒词说进对方的心坎里，也是我们说好祝酒词的必修课。

同时，我们在说祝酒词的时候一定要避免自顾自说，要给他人留下开口的机会。交流是一个互动的过程，而酒桌上的祝酒词恰恰就是彼此之间交流的过程。如果对方根本找不到开口的机会，那么祝酒词就变得毫无意义，甚至会引起对方的反感。所以我们在说祝酒词的时候一定要学会进退有据，为对方留下接话的空间，只有双方拥有相对有效的互动，我们的祝酒词才能算得上成功。

最后引经据典要精练，不可滥用。都说酒桌是一个能够充分展现才学的场所，事实正是如此。就好比喜欢引用古典文学的人学识渊博；引用流行词语的人比较贴近潮流；引用各地风俗的人喜欢旅游……

但是凡事不可过度，一味引经据典，却不在意引用的话是否合乎场景，就会让人觉得我们是在肆意卖弄，甚至会给人留下一种“半瓶子醋”的印象。所以我们在引经据典的时候要注意结合当前场景，不要将其视为卖弄才华的工具。

我们可以不喜欢喝酒，也可以不会喝酒，甚至可以有意避免一些自己不想参加的聚会，但是我们却不能不会说祝酒词。同学聚会，亲朋结婚，公司年会……总有我们绕不开的聚会，这时候祝酒词的重要性就体现出来了。只要我们掌握一定的方法，学会正确地使用祝酒词，那么我们在酒桌上就算滴酒不沾，也能够受到他人的欢迎。

3. 有时候，实话不一定要实说

在学校的时候老师总是教育我们要实话实说，但是并不是所有的情况都适合实话实说。在某些特殊情况下，说实话并不是一个好的选择，也不一定能够得到对方的喜欢，甚至还会为对方带去消极的影响。

崔致远的朋友失恋了，心中难过来找他哭诉。

朋友反复讲述之前与女友在一起的美好回忆，感叹当初要不是双方父母反对，两人现在早就过上幸福美满的生活了。朋友反复问他是不是应该放手。

之前崔致远都没有回答，见朋友执着，想了想决定实话实说：“其实你早就应该放手了，对方家里嫌弃你没钱，你家嫌弃对方暴发户，你们两家根本就是门不当户不对。况且她当初也并不是真的喜欢你，只是因为你长得像她初恋罢了，全校都知道，就你看不出来。”

一番话说下来，朋友脸色微变，果然不再向他哭诉，简单说了两句便匆匆离去。后来朋友便和他断了联系，甚至很多其他朋友听说了这件事后也开始与他疏远。

实话实说不代表不会对对方造成伤害，谎话并不一定充满恶意。

我们都知道在医院的时候，每当病人问起具体病情，无论是医生护士，还是亲朋好友，都会竭力隐瞒，甚至不惜用各种“这只是小病”“打一针就好了”之类的谎话来“欺骗”病人。但这只是为了能够让病人对自己的病情有一定的信心，能够勇敢地战胜病魔。

因此就能看出，有时候，实话不一定要实说，甚至我们还要为此说些谎话。

李丽去朋友家做客，看见朋友书房有一个很大的书柜，上面整整齐齐摆满了各类书籍。

李丽随手拿起两本，见上面干干净净，很少有人翻动，甚至其中还有很多盗版书，明显就是买来装样子。

这时朋友从身后走来，看到李丽在看书便问怎么样。

李丽为了避免朋友尴尬，还是决定不说实话：“这些书都还不错啊，而且这书架也显得很整洁，看来你也是个爱惜书籍的人啊。”

朋友听后暗暗高兴，拉着李丽聊起了文学，虽然朋友明显懂得不多，但李丽也并不揭穿，只是一味附和。

朋友越聊越开心，渐渐将李丽引为知己，日后李丽遇到麻烦，朋友甚至会主动伸出援手。

都说实话逆耳，有时候实话并不一定是对方想要的结果，实话实说也不是我们可以肆意伤害对方的理由。与其实话实说去伤害他人，倒不如说些谎话给双方留下一个台阶。

那么具体在什么情况下才需要我们尽量避免实话实说呢？

首先是在面对不能说的秘密或是不能如实相告的时候。生活中我们总是会遇到一些人好奇心比较强，喜欢刨根问底。但是总有些事情会牵扯到机密或是个人隐私，我们不想说也不能说实话。这时候一味守口如瓶反而会加剧对方刨根问底的决心。所以不妨说些一听就能够听出来的谎话，以幽默的口吻委婉地拒绝对方，一般人听后，也就一笑作罢，不再追问。这样我们既可以坚持自己的准则，避免泄露机密，也可以言明自己的苦衷，顾及对方的脸面。

其次就是在我们需要做出选择，需要拒绝对方的时候。生活中我们有时会陷入两难局面，比如朋友向我们推销化妆品，我们不喜欢的人向我们表白，想拒绝朋友借钱却磨不开面子……这时候我们不妨说些小谎，说出自己的难处，委婉地表达拒绝的意思。

最后便是在对方需要鼓励、安慰的时候。就好比病人询问自己病情或是朋友失恋这种情况，对方所期望的答案与实际情况往往有些差距。这时候我们应该明白，对方其实并没有想从我们嘴里得到答案，甚至多数情况下他们对于答案是心知肚明的，对方只是想从我们身上得到鼓励或是安慰罢了。这时候我们实话实说往往会给对方造成二次伤害，与其这样倒不如说些谎话，给对方留下希望。

事情都有两面性，并不是说我们说实话就真的是为对方好，这种“好”对方并不一定会领情。根据实际情况，适当地说些谎话，既能顾及对方的脸面，又能维持好彼此的交情，两全其美何乐而不为呢?

4. 适度的恭维，会让别人对你产生好感

在现实生活中，喜欢恭维的人给我们留下的印象称不上好，我们有时候会反感恭维，自己也不屑恭维他人。

但是适当的恭维在日常生活中又不可避免，不会恭维最终的结果也只是害人害己。

白泰云不太会恭维他人，但他一直将这当成美德，说自己是实诚待人。

一次回家过年，表姐带着小外甥来家串门，家里人都在称赞孩子可爱。白泰云上前一看，发现外甥可能得了衰老症，便对表姐直言："这孩子也太丑了，这是衰老症吧，到他几岁的时候，就会和七八十岁的老人一样，好像现在都没有治疗方法。"

表姐听后生气地将白泰云推开，脸色几度变化，最终哭出声来。

后来表姐没有选择留下吃饭，直接走了，两家渐渐断了往来。

一说到"恭维"这个词，就让人联想到拍马屁，总是会让人心生反感。

其实不然，在我们为人处世之中，适当的恭维很有必要。恰到好处的恭维能让人重拾信心，能瞬间拉近彼此的关系，一举两得、助人助己。

张毅的朋友比较自卑，前段时间朋友与女朋友分手，这让他变得消极，认为自己什么都做不好。

张毅知道情况后就去劝朋友振作起来，但朋友却死活听不进去。

张毅脑筋一动，突然想到办法，他对着朋友一声长叹，抱怨道："我都不知道你天天想些什么，我学习没你好，出来工作工资比你低，到现在连女朋友都没有交过，而你只不过是失恋而已，天天抱怨什么？"

接着张毅便开始"诉苦"，但是话里话外都是在恭维朋友，渐渐的朋友重拾信心，振作了起来，与张毅的交情也越来越亲密。

适度恭维的重要性不言而喻，那么我们如何做才能恰到好处地恭维他人，让别人对我们产生好感呢？

首先摆正自己的心态，注意自己的语气，真心实意地恭维对方。一句"你真漂亮"，有人从中听出恭维，有人听出赞美，有人听出嘲讽，也有人听出反感……根据说话人语气的不同，听话人所处环境、心情的差异，所听出来的意思也天差地别。所以我们想要恰到好处地恭维对方，首先就要摆正态度，注意语气，至少要让对方听出来我们是在真心实意赞美。同时我们还要注意对方所处的环境，如果不分场合地恭维，只会让对方心生反感，让彼此之间渐渐疏远。

其次注意观察对方，恭维对方的长处。我们都喜欢听好听的话，即使知道这是恭维，我们也会欣然接受。但试想一下，如果我们明明身高很低，却有人一味地夸赞我们的身高，甚至直言我们堪比姚明，那么我们心中是什么感受，会不会觉得心中硌硬，认为对方是故意讥讽自己。事实上就是如此，称赞对方的缺点，并不会让对方接受我们的“好意”。只有实打实地称赞对方优点，将恭维的话说到对方心里，对方才会承我们的情，我们的恭维才算得上是成功。

但是要注意的是，对于刚结识不久的人，不要刻意前去恭维，这只会让对方心中产生警惕，认为我们接近他是别有目的，不利于双方日后正常的交流相处。所以刚开始的时候可以简单称赞，维持基本的礼貌即可，恭维对方的话可以等到日后相熟，了解彼此品性之后再说。

另外恭维讲究方法，背后恭维他人比正面恭维更具说服力。试想一下，如果有人告诉我们，某人在背后说了许多关于自己的好话，那么我们会不会感到高兴？但这种赞美，如果当着我们的面来说，或许就会适得其反，让我们感到虚假。所以我们有时候恭维对方，可以选择在对方背后称赞对方的方式，这会使得对方对于我们的恭维更加受用。

但这种方法却需要注意我们称赞的对象。比如我们要称赞一位女性的时候，就一定要避免在一位女性面前称赞另一位女性这种行为，这对于听我们称赞的人来说无疑是一种伤害，甚至会让对方产生比较心理，影响几人之间的关系。

最后学会适当的自嘲，自嘲也是一种有效的恭维方式。我们都知道没有绝对的好，也没有绝对的差，无论好坏都是衬托出来的。我们称赞对方相当于是在抬高对方，让彼此产生差距。那么我们可以换一种思路，以自嘲的方式贬低自己，从而衬托对方的优秀，这会给对方一种我们打心里认同对方优点，羡慕对方的感受。

恭维并没有什么不好，也不是什么可耻的事情，适度的恭维能够提升对方自信心，还可以瞬间拉近彼此的距离，给对方一些适度恭维，也是对对方的一种尊重。

5. “无功不受禄”，请客要找好理由

在日常生活中，宴请他人已经成为一种交际方式，无论是广交朋友，还是联络感情，请客无疑是一个简单实用的方法。在某些特殊的情况下，请客有助于我们了解情况、解决问题。

尽管我们都知道请客的重要性，却很少有人能够做到正确地邀请他人参加宴会，甚至大多数人都不知道自己应该以什么样的理由邀请他人。

白展禄参加相亲认识一个女孩，两人几番交谈觉得对方还不错，于是便想着约出来见见。

但是白展禄想破脑袋也想不出理由，最后便以自己爷爷过寿的理由邀请对方。

女孩听后觉得白展禄太过轻浮，两人还没有见过面就想着见家长，便以自己身体不太舒服的理由婉言拒绝了邀请，后来两人慢慢断了往来。

恰到好处的宴请不仅能够迅速拉近彼此之间的关系，也能够大大提高办事的成功率。如果能够给对方一个欣然赴宴的理由，那这次请客的目的就能够成功一半。

苏强想要请同事吃饭，联络彼此感情，但他又害怕同事拒绝，不知道该用什么样的理由。

他突然想起来自己之前买彩票中了两万元的奖项，于是便不停在公司高调宣布自己中奖的事情，邀请所有同事周末参加聚会。

同事觉得他这也算是一件喜事，可以沾沾喜气，外加周末也没有什么特别要忙的事情，便欣然接受。

苏强将这次聚会安排得合理舒适，不仅巩固了同事交情，还给领导留下了办事牢靠的印象。

请客的重要性不言而喻，但是如何才能让对方欣然赴宴却是一个永恒的难题，如果我们请客时使用的理由不恰当，只会让对方心生恼怒。不仅如此，一次失败的邀请不仅会对自己的自信心造成打击，还会给人留下办事不力的印象。

那么我们如何做才能找到一个恰当的理由呢?

首先我们要善于巧立名目，借花献佛。我们有时候想要请人吃饭，又没有合适的理由，于是就会对对方直言，这种方式对亲朋来说或许没什么问题，但是对待陌生人或是不太熟悉的人，就会让对方心生戒备。所谓“吃人嘴短，拿人手短”，或许我们本身并不存在任何其他目的，只单纯想请对方吃顿饭，但是对方心中却会猜疑，害怕欠下人情债。

所以寻找一个相对合理的请客理由就显得尤为重要。其实在我们日常生活中请客的理由五花八门，随处可见，像日常聚会、生日、乔迁、工作调动、饯行等都可以成为请客的理由。而我们需要做的就是从中寻找恰当的理由，在适当的时机，轻松自然地向对方发出邀请。只要我们寻找的理由与现实偏差不大，对方又没有太过重要的事情，一般都会应承下来。

其次根据宴请对象区别对待，理由不可一视同仁。很多人在宴请对方时，只想要寻找合适的理由，却没有注意对方的身份，这也是造成对方拒绝赴宴的重要理由之一。我们常说“酒桌无身份”，但是在向对方发出邀请的时候这个身份却是真实存在的，所以面对不同的人时，我们的语言、行事都要发生相应的变化。

比如邀请领导要心怀敬重，寻找的理由也要“正大光明”，切忌以私人理由发出邀请；宴请客户的时候要以诚待人，胸怀坦荡，请客的理由要能拿上台面，避免引发对方猜忌；宴请同事要以情动人，可以寻找一些比较私人的理由，还要注意时间的把控；宴请下属的时候要展现出亲和力，寻找的理由也要更贴近生活，除了年会以外，尽量避免以工作为由；宴请异性的时候要以礼为先，理由可以根据不同的情况发生变动，但却要保持对对方的尊重，注意对方的意愿。

最后待人坦诚，语气亲和，有时候诚挚相邀比任何理由都管用。我们在日常生活中常常会感受到，一句“走吧，我请你吃饭”从不同人嘴里说出，我们会听出不同的意思，这其实就是语气与态度的问题。不管是出于什么目的想要宴请对方吃饭，其根本目的就是希望对方能够前来赴宴，那么我们在向对方发出邀请的时候就要摆正自己的态度，让自己的语气更显亲近，毕竟没有人会喜欢别人高高在上，一脸施舍的表情宴请自己。

请客虽然是一个很实用的社交方式，但想要做好却并不是一件简单的事情。那么就让我们先从邀请对方赴宴开始。只要掌握一定的方法，根据不同的情况调整自己的邀请理由，那么相信我们成功的次数会越来越多。

6. 给送礼一个妥帖、恰当的理由

在我们生活工作中都会遇到类似的场景：出差吃到比较美味的食物想着带回家送给亲戚品尝；用不到的小物件会随意送给邻居；逢年过节好友间会互送礼物；登门拜谢也会送上自己精心挑选的礼物……

我们常说“礼尚往来”，可以说送礼已经成为我们日常交流的一种方式。但是送礼也需要有一个妥帖、恰当的理由，没有好的理由不仅会让对方心生排斥，还会伤害到彼此的感情。

王典与朋友一起报名驴友团，但王典自小身体较弱，负重爬山对他来说难度不小，还不到一个小时就累得走不动道。

带队的人是当地的导游，见此便主动帮王典接过背包，一路上都很照顾王典。

一天过去了，王典与驴友团里的朋友相处融洽。

王典在与朋友离开之前，总觉得应该感谢一下导游，便说："你这几天帮我背包真是辛苦了，这根手杖就送给你吧。"

导游听后脸色微变，但出于礼貌还是接过手杖，但是转头就将手杖扔到深山里，之后也不再与王典联系。

送礼虽然是我们日常生活中一种常用的交际方式，但是也要注意一定的方法。会送礼的人"千里送鹅毛"也会让人心中温暖，认为彼此情义非凡；不会送礼的人就算送辆豪车，也会让人心中硌硬，甚至直接拒绝礼物。

而造成这一现象的原因，恰恰在于我们送礼时所用的理由。一个妥帖、恰当的理由，不仅可以降低收礼人的防范心理，还能够抬高礼物的价值，拉近彼此的关系。

余富仁年前与朋友一起做生意，后因某些原因与朋友闹掰。他心中一直觉得愧疚，想要弥补又不知道该怎么做。

后来朋友做生意亏了钱，连房子都拿去抵债。余富仁便邀请朋友来自己家，帮自己照看几天房子。他借口说自己全家要去国外，房子放着没人住总是不好，麻烦朋友帮忙。

朋友其实也知道余富仁这房子相当于是送给自己住，只是顾及自己的面子，但自己确实困难也只能接受。

后来两人关系渐渐缓和，过去的矛盾也成功化解，连带着两家关系也越来越好，渐渐发展成了世代之交。

送礼的时候词不达意，往往造成彼此的误会。而这，就需要在事先准备好一个能够让彼此都欣然接受的理由，

那么我们具体应该怎么做才能让我们的理由更有说服力呢？

首先，摆正心态，消除自身送礼的心理障碍。很多人在送礼的时候总是觉得浑身不舒服，这种情况往往会被对方感受到。一旦对方认为我们送礼是心不甘、情不愿，或者心中有所诉求，自然也就会拒绝我们的礼物。所以我们要学会摆正自己的心态，只有我们自己送得自然，对方才能够没有心理负担地接受。

同时我们还要注意自己的语气，给别人送礼的根本原因是想要维持或者拉近彼此的关系，那么说话的语气就显得至关重要。如果我们总是用高高在上施舍对方的语气跟对方说话，那么就算我们送的礼物再珍贵，也会让人难以接受。

其次，送礼的时候淡化目的，假借他人之口帮助自己送礼。有时候我们直接给对方送礼会引起对方的猜忌，或者会让对方心怀顾忌，从而拒绝收受礼物。这时候我们就要学会巧借他人之口来达成目的。比如说我们送一些土特产可以说是家里托人送来让大家尝尝，这样借用“家里人”来送礼，既可以避免尴尬，也更显自然。

再次，送礼的时候不妨转一个弯，从收礼人的身边人送起。

这主要分为两个方面：一是将礼物送给对方亲密的人，我们生活中常常会和朋友产生矛盾，之后我们可以给朋友的情侣或长辈送礼，让对方帮我们求情，这种方法往往比直接送礼效果要好得多。

二是拜托对方亲密的人转送，其实这种方法我们生活中常常会用到，只是我们自己都没有注意而已。我们上学期间，喜欢一个女孩想要送她礼物，往往会请她的舍友帮我们转达，这种方式往往要比当面送礼的效果好得多。

最后，就是为他人着想，以“借”代送。我们在给对方送礼时候，为了避免对方产生过高的心理压力，可以选择说是借给对方，或者也可以说卖给对方，然后象征性地收取一些“费用”。这样既可以顾全对方的面子，又可以让对方承我们的情。

送礼说难也难，说简单其实也很简单，重要是我们要掌握一定的方法。只要能将送礼的理由说到对方的心坎里，那么对方就不会轻易拒绝我们的礼物，从而更好拉近彼此的关系。

7. 讨好的场面话要说得恰到好处

讨好的场面话在日常生活中并不少见，但很多人却对此心有抵触。其实不然，讨好的场面话本身并没有什么不恰当的地方，重要的是我们怎么说，抱着怎么样的心态去说。

讨好别人并没有我们想象中那么低俗，这也可以是我们对于对方的肯定，和对他人的赞美。将讨好的场面话说得恰到好处，不仅能够更加有效地达成目的，还能够让彼此的关系更加亲密。

白雪莱和男友相处已经五年，两人的关系不仅没有变淡，反而越来越甜蜜。

每当朋友问起白雪莱维持恋爱关系的秘诀，白雪莱总是会笑着说，做一个会讨好男友的小女人就好。

每次出去逛街，男友问白雪莱意见的时候，白雪莱总是会说一句“听你的”；每次男友下班回家，她总是会道一声“辛苦”；有时候男友工作不顺，她也会主动安慰男友。

但是白雪莱的讨好却并不是毫无原则的，涉及家庭、思想、理想等问题的时候，白雪莱总是会据理力争到底，绝不退让。

虽然如此，两人的关系却越来越亲密，年后就要商量婚事。

那么我们如何才能将讨好的场面话说得恰到好处呢?

首先做到基本的尊重，记住对方的基本信息。我们大多数人宁愿绞尽脑汁地想着自己的措辞，变着法地讨好对方，也不愿意花些心思记住对方的名字。其实讨好对方最有效的方式就是能够直接记住对方姓名，说一万句讨好的场面话，也不如直接喊出对方只提过一次的名字有效。这使得我们讨好的话语更加具备说服力。

其次要有足够的包容，想要讨好对方就要学会接受对方部分缺点。包容对方其实就是一种变相的讨好，只是我们很多人都没有意识到而已。其实仔细回忆一下，以包容的方式来讨好对方，这在生活中其实并不少见。情侣之间，母女之间，都是以包容的方式来讨好对方。但是这种方法却需要把握尺度，我们可以在语言上对对方保持溺爱，但在行为上却要注意避免，一味地包容就会让对方变得得寸进尺，同时我们可以选择包容对方的小过失，但涉及原则性问题就要坚决拒绝。

再次勇敢表现自己，进行适当的调侃。我们很多人在说讨好的话时，都会陷入一种误区，就是认为讨好对方就要一味说对方的好话。其实不然，被我们讨好的人，可能每天都会听到不同形式的赞美，也会见到各式各样的讨好，渐渐地也让对方产生一种“审美疲劳”。这就好比天天都吃满汉全席，但时间长了也会吃腻。所以我们想要讨好对方的时候，也可以选择采取调侃的方式，既能博对方一笑，活跃气氛，也可以借机展示自己。

但是值得注意的是，调侃对方一定要显得自然，不能让对方感受到我们是为了调侃而调侃。同时也要避免调侃对方的缺陷，比如面对一个很在意自己身高的人一味调侃对方“小矮人”，就会让对方恼羞成怒。所以调侃的时候需要选择对方身上那些不痛不痒的小缺点，这让才会让对方一笑而过。

最后学会把握时机，在对方需要的时候出现在对方身边。俗话说“来得早不如来得巧”，我们在说讨好的话时，也要注意对方所处的环境。在一些比较正式的公共场合，就要避免不必要的讨好，否则这只会让对方感到尴尬，让周围人心生不满。

同时我们还要根据对方的心情转变自己讨好的语言，在对方难过的时候安慰对方；在对方开心的时候用调侃的语气说几句俏皮话；人前称赞对方同时客观评价对方；人后不遗余力地抬高对方……这都是讨好对方的表现，但却要注意场合与对方当时的心情，只有恰到好处地讨好，才能说到对方的心坎里。

第二章 知晓禁忌，拿捏尺度 不越雷区半步

1.“打人不打脸，说话莫揭短”永不过时

在我们日常生活中，与他人进行人际交往的时候，总是会遇到形形色色的人物，每个人都有自己独特的优点，同时也存在一些缺陷。但是在面对这些缺陷的时候，如果我们处理不好，伤到对方的面子，就会严重影响彼此的关系，甚至不利于自己日后的人际交往。

童其彦有一次参加同学聚会，同学之间聊起了工作的事情。

他听到一位女同学说自己在报社工作，工资不到三千，便忍不住出言挤对：“这工资在我们公司连扫地的阿姨都不如。”

女同学听后脸色都变了，但是童其彦却仿佛没有看到一般，继续开口道：“不过也还好，在你们那个三线城市也算勉强能养活自己。”

女同学心中一肚子气，但不知道该如何发泄，最后只能咬紧牙关，勉强不让眼泪掉下来。

这时其他同学看不下去了，纷纷指责童其彦，但童其彦却丝毫没有悔意，最终和大家闹得不欢而散。

后来同学们渐渐与童其彦疏远起来，就连过去关系不错的朋友也开始减少联系，但童其彦却并不在意。直到后来发生变故需要向他人求助而无果的时候，他才开始后悔那天的举动。

我们都知道，如果受伤了就需要小心呵护，避免二次伤害，防止伤口感染。但有时候我们语言对他人造成的伤害，远远要比二次伤害还要严重。

仔细回想一下，我们从小到大都会反复被人触及自己的“伤口”，所谓的“别人家的孩子”就是我们童年最大的阴影。每当我们出现失误，心情低落的时候，所迎来的并不是关心与安慰。父母总是用“别人家的孩子”来刺激我们，这种感受无异于是在我们伤口上撒盐。

我们既然知道了这种感受，那么在我们涉及对方缺陷的时候就更应该小心谨慎，能避免尽量避免，不要对对方造成二次伤害。

安娜自小学习钢琴，一次参加钢琴大赛，她在登台的时候，不小心划破自己的礼服。这时候舞台的灯光已经亮起，安娜已经没有办法回头，只能硬着头皮上台演出。

开始的时候安娜一直有些忐忑，害怕自己的形象影响到观众与评委的打分。但是当她弹奏完毕，所有的评委都不禁为她鼓掌，在点评的时候也丝毫没有提及礼服的问题，只是单纯在点评安娜的音乐。

后来安娜渐渐长大，成为远近闻名的钢琴家。她在接受记者采访的时候坦言道，她最难忘的一次演出就是这次比赛，评委们避开她的“短处”，而赞美她的音乐，这使得她的自信得到很大提升。

后来安娜甚至常常在公开场合自称是几位导师的学生，对几位导师的尊重溢于言表。

我们常说“打人不打脸，说话不揭短”，这其实是在告诫我们要顾及他人的面子，避免随意谈及对方的短处。只因大多数人都比较爱惜自己的脸面，也就是所谓的“好面子”。

那么我们怎么样才能做到“打人不打脸，说话不揭短”呢？

所谓的“不揭短”分为两个方面，一是不直言对方的短处，二是不言及与对方短处相关的内容。

不直言对方的短处，其实就是要学会尊重他人，回避对方的缺陷，给对方留个面子。我们在日常生活中总是会遇到这样一种人，他们出于某种目的，喜欢揭穿他人的缺点，并且肆意传播，不仅对他人造成生活上的困扰，甚至还会带来名誉上的损失。但是仔细回忆一下就不难发现，这种人极其容易遭到他人的厌恶。所以我们能做的就是要尽量避免他人的短处，尊重他人，给他人留个面子，其实也是在保全我们自己的脸面。

另外，我们光是避免谈及对方的缺陷还不够，还要避免谈及与对方缺陷相关的内容。俗话说“当着矮人，别说矮话”，其实就是这个意思。

“打人不打脸，说话不揭短”这句话永远也不会有过失的时候，我们只有学会在与他人交谈时的时候避免谈及对方的短处，才会在人际交往中无往不利。

2. 抬高自己不需要依靠贬低别人的方式

我们在日常生活中总是会遇到这么一种人，他们总是喜欢不遗余力地贬低他人，通过这种方式来抬高自己。这种行为总是让人心生厌恶，我们遇到这种人时也会有意疏远。

我们无论是工作还是生活中，都会有与他人产生竞争的时候。而竞争之中的相互贬低已经快成为一种常态。然而大多数时候我们并没有意识到，我们在贬低对方的同时，其实也是对我们自己的贬低，这种行为不仅会让对方怀恨在心，还会影响周围不相关的人对我们的评价。

尚益山自己经营了一家海鲜馆，但是开业没有多长时间，他便发现街道对面也开起来一家海鲜馆，两家店铺相距不到五十米。

尚益山眼见着对面分走了自己客源，心中有所不甘，便让员工在店门口挂上一条横幅，上面写道“对面海鲜真难吃”。

这么一来自家生意明显变好很多，就在尚益山暗暗得意之时，对方也挂出一条横幅“对面海鲜已过期”。

尚益山心中有气，不停想着新的方法诋毁对方。两家斗得死去活来。

就在这时一位食客将这件事发到网上，渐渐引来工商局的关注。工商局调查过后，对两家老板进行了批评教育。两家为此付出了高额的罚款。

通过贬低对方的方式来抬高自己的人，其实是陷入了一种误区。

常常看小说或者电影的朋友都知道，一个作品之所以能让人产生畅快淋漓的感觉，关键在于对手的衬托，但这种衬托却需要对方有足够的实力。就好比我们观看复仇者联盟，因为灭霸是漫威宇宙中最强大的人物之一，所以主角们费尽千辛万苦打败灭霸后才会衬托出主角们的强大。如果将反派换成一个普通人，那么就会让我们感觉这些超级英雄也不过如此。

所以，贬低别人并不是一个抬高身价的好方法，甚至还会给人留下一种“无能”的印象。

李传芳与同事竞争主管，在面对考核的时候主考官让她介绍一下自己。

但是李传芳并没有急着夸赞自己，而是先细数竞争对手对于主管这一职位的优势，结束之后却加了一句“相比于他们，我也具有他们所不具备的优势”。

接着李传芳便开始介绍起自己的经验，毕竟这是她所具备的最大优势。

通过之前的铺垫，主考官们更加肯定李传芳对自己的描述，再三思量决定将她提升为主管。

同时李传芳为竞争对手说话的事情传了出去，几个同事都佩服她的人品，并没有对公司的决定产生不满，反而尽心尽力辅佐李传芳完成工作。

谈及抬高自己，总是会让我们很多人心中有些反感，认为这是说谎的一种表现。其实不然，我们在日常生活中总是会有需要竞争的时候，抬高自己只是为了体现自己的竞争力，让别人更容易发现我们身上的优点，从而得到发挥自身才能的机会。

那么我们怎么做才能不依靠贬低别人的方式来抬高自己呢？

首先学会毛遂自荐，勇敢地展现自己的优点。我们很多人不愿意抬高自己，或者说是不屑于这么做。其实抬高自己并没有什么不好，充分地展现自己的优点，也更加容易让他人发现我们的才能。这就好比广告一样，很多产品的效果其实并没有太大的差距，而造成知名度天差地别的原因，就要看广告宣传的力度是否到位。而广告其实就和我们的抬高自己没有太大差别。

但是我们在抬高自己的时候要注意语气。以一种谦和的语气介绍自己，就不容易引起他人的反感，还可以给对方留下比较好的印象，让对方更加容易接受自己。同时我们在抬高自己的时候要将重点放在自己的优点上，对待自己的缺点一笔带过即可。

其次适当地抬高对手，将对手当作自己的陪衬。我们怎么看待对手，往往决定我们最终能够达到什么样的高度。这就好比举重比赛，不同重量级之间根本没有可比性。所以抬高自己的时候，可以选择适当抬高对手，以此来衬托自己。

最后要讲究实事求是，避免自吹自擂。很多人之所以对抬高自己的行为表示反感，其根本原因就是我们很多人错将抬高自己当成了自吹自擂。其实抬高自己和自吹自擂完全没有关系，前者只是为了展现自己的优点，后者却是为自己披上虚伪的外衣。

依靠自吹自擂，就算一时得到了好处，却会将我们架在一种与自身能力不符的平台，导致我们在展示自己才能的时候处处受限。所以我们在抬高自己的时候，尤其要注意实事求是，只有真实可靠地介绍自己，才能让他人了解并重视我们的能力，让其得到应有的展示舞台。

只要我们能够掌握适当的方法，我们完全不必要贬低对方就能达到抬高自己的目的，并且可能还会使得彼此间的人际关系更加牢固。

3. 道理越辩越明，关系越辩越远

俗话说："镜子越擦越亮，真理越辩越明。"

辩论总是和求知不可分离，一个道理我们越是争辩，那么我们对于这个道理的认知也就越高，甚至我们还会在辩论中不断地得到提升。

但是关系却并非如此，我们在与人争辩的时候，我们的关系随着我们的争辩而越来越远。

朱明丽毕业后选择与朋友进入同一家公司，两人在公司形影不离，很多项目都由两人共同完成。

一次两人合作的项目没有达到客户要求，两人被经理一顿猛批。

回到工位后，朱明丽心中不忿，认为项目之所以失败，是因为朋友给自己提供的数据产生偏差，便前去找朋友理论。

朋友也不甘示弱，直言："我当时给你说过数据可能不准，是你自己着急要用，非要使用未完成的数据。"

朱明丽听后更加生气："你负责的数据都搞不明白，那你还能干什么！"

朋友一气之下决定日后不再与她合作，后来两人渐渐反目成仇。最后两人都被公司劝退。

我们每个人都有属于自己隐私与性格，在很多事情上其实并不存在是非对错，所造成的差别无非是因为个人所处的角度不同罢了，一味与他人争论，想要让他人认同自己的观点，只会让两人的关系越来越远。

柴磊和朋友一起经营一家超市，某次进货时，两人无意间进购了一批卖不出去的货物，一时让超市损失惨重。

这次的失误，其实已经很难鉴定到底是谁的过错，或者说两人都有责任，只是责任大小的区别。

柴磊不想在这个问题上与朋友争辩，她主动将责任揽到自己身上，还安慰朋友说："只是损失一点钱而已，还到不了吃不起饭的地步，没什么大不了。"

朋友听到柴磊的话也深受鼓舞，他重新振作起来，与柴磊一起将超市慢慢做大，两人的关系也变得比过往更加亲密。

我们常说"难得糊涂"，其实在人际交往中更是如此，我们出于某种原因，很多问题并不愿意细谈，一味地争辩只会将这些问题拿到台面上，导致我们的秘密被公之于众。我们对于其他人可能看法不太一样，但是我们看待争辩者，也就是那个将问题拿到台面的人，一定会心生埋怨，从而会有意地疏远。

所以很多事情，我们没有必要与对方争辩个明明白白，有时候"糊涂"才是真的智慧，才能够让彼此的关系更加长远。

那么具体什么情况下我们要避免与他人争辩，防止彼此关系渐行渐远呢？

首先是在面对对方失误的时候。当我们因为个人失误给自己或他人造成损失的时候，我们不可避免地会感到自责。但是当他人对我们进行指责，将所有责任都推到我们身上的时候，我们又会感到恼怒，忍不住上前与之争论。所以，在我们面对对方失误的时候，首要做的不应该是与对方争辩是非对错，这除了让对方恼羞成怒以外，对我们解决问题没有任何帮助。与其这样，倒不如坐下来心平气和地谈谈，共同寻找解决方案。

其次在面对对方缺陷的时候。我们每个人都拥有优点，自然也不可避免地存在缺陷。如果肆意与对方争辩这些缺点，无异于是在对方伤口上撒盐，这时候对方自然会感到生气，从而渐渐与我们疏远。所以在面对对方缺陷的时候尽量避而不谈，就算无法避免也要一笔带过。

再次是彼此间观念产生分歧的时候。我们常说"一千个人眼里有一千个哈姆雷特"，对待同一件事物我们都会存在不同的看法，这些看法本身并没有对错之分，只不过是我们看待问题的角度不同罢了。在面对彼此观念产生分歧的时候，一味地争辩很难让对方转变观念，除了让两人争个面红耳赤以外，不会产生任何实质性的效果。所以面对这种情况我们不妨后退一步，保留自己的观念，同时不去轻易质疑对方。

最后是在涉及对方隐私的时候。我们都会存在自己的隐私，而隐私之所以称之为隐私，其根本原因就是自身不想过多地让人知道。随着我们的争论越来越凶，我们泄露出去的隐私也会越传越广。当闹得人尽皆知的时候，对方可能对待那些知道隐私的人毫无办法，便会将矛头直指我们身上，会认为是我们的行为才造成如今的局面，最终也就形成彼此间关系越来越远。

道理越辩越明，关系却并非如此，有时候沉默也是一种智慧，不争不辩反而能够让彼此的关系更加长久。

4. 吵得再凶，也别进行人身攻击

我们与人争吵的时候说话总会变得肆无忌惮，这时候争吵往往会演变为人身攻击。

而这种人身攻击所带来的伤害却是永恒的，并不会随着争吵的结束而消散，反而会随着时间的推移日益加深，最终成为彼此感情之间一个无法修复的裂痕。

朱庆丰与朋友一起参加创意大赛，结果很快便落选，心情不好之下不免有些抱怨：“我就说你这个设计不行，当初要是听我的也没有这么多问题。”

落选之下，朋友心情也不太好受，听了朱庆丰这话忍不住反驳：“按照你的设计说不定连海选都过不了。”

几番辩论下来，两人谁也说服不了谁，吵得越来越凶。朱庆丰渐渐失去了理智，他什么都顾不上，只想着在语言上战胜对方，伤害朋友的话也随之脱口而出："你也不想想你是什么文化水平，当初要不是我带你出来闯荡，你到现在还只是个小文员，一辈子也混不到头……"

朱庆丰说得越来越刻薄，朋友渐渐沉默下来，整个空间只余下朱庆丰自己的声音。

渐渐的，朱庆丰意识到自己说错了话，他想要道歉面子上又过不去，只得眼睁睁看着朋友远去。

后来朱庆丰向朋友道歉，朋友虽然原谅了他，但两人之间却一直存在着隔阂，日子一长便断绝了来往。

我们都知道人身攻击的坏处，但是就是控制不住自己，尤其是在彼此争吵进行到白热化的时候，恶语伤人的话很容易脱口而出。很多的时候，话一出口我们就开始后悔，但这时候我们无论做些什么，也往往变得于事无补。

那么我们应该怎么做，才能避免自己情急之下，将双方的争吵演变为人身攻击呢？

首先我们要就事论事，避免胡搅蛮缠，肆意翻旧账。如果有人问最令人厌恶的争吵方式是什么，很多人的答案是翻旧账，这是最容易将双方争吵演变为人身攻击的方式。要知道争吵的根本目的是希望双方达成某种统一，让事态得到完美解决，而翻旧账对此却毫无作用。

那些我们翻出来的"旧账"，都是些彼此不想面对的事情，是过往的伤痕。肆意翻旧账无异于是在伤口上撒盐，这不只是对对方的伤害，对于自己来说也是一种伤害，在这些伤害的刺激下，我们很容易将人身攻击的话脱口而出，最终使得事态无法弥补。

其次争吵也要保持理性，不可滥用口头禅与"经典国骂"。我们都有属于自己的口头禅，甚至也是因为我们的口头禅才让我们的语言具有很高的辨识度，使我们的语言给人耳目一新的感觉。但是很多人的口头禅却与国骂相关，甚至本身就带有侮辱性的意思，平时可能大家当成一句玩笑，一笑而过也不深究，但是在发生争吵的时候很容易就会被对方视为刻意的人身攻击。所以越是在争吵之中，我们越应该慎用，甚至避免说口头禅，防止对方将此误会为人身攻击。

再次争吵要把控范围，不可以偏概全，进行地域歧视和地域攻击。地域歧视和地域攻击，其实也就是我们常常所说的“地域黑”。在日常闲聊或者开玩笑的时候，我们对于“地域黑”都会感到比较反感，会认为这是一种歧视，更何况是在双方吵得不可开交的时候。所以我们在争吵之中要避免以偏概全，尤其不能使用地域歧视和地域攻击，这样就能有效地减少最终演变为人身攻击的情况。

最后幽默不等于讽刺，争吵之中慎用讽刺，避免对方误会。我们在生活中为了彰显自己的幽默，有时候会运用到讽刺的方式，这在双方心情都比较好的时候，往往能够起到调解气氛的作用，大家听后也往往会一笑而过。然而在双方心情不佳，尤其是在发生争吵的时候，这种讽刺就完全不会给人留下玩笑的意味，甚至有时候我们会将讽刺看作是一种对方对于自己的人身攻击。所以为了避免不必要的误会，我们在争吵中一定要慎用讽刺，正常的就事论事即可。

我们很多的遗憾，都是在争吵之中发生的，其中彼此的人身攻击就占有很大一部分责任。吵得再凶，我们也要注意分寸，避免对对方进行人身攻击，这才能有效防止我们做出后悔的事情。

5. 不要热情过度，让人避之唯恐不及

“为什么我热情帮助他人，对方却不领我的情？”

“为什么我对她就像对待亲妹妹一样，她反而有意与我疏远？”

“为什么他待人冷淡却受到欢迎，我热情好客却不受人待见？”

不知道从什么时候起，热情已经成为我们的标准优点：评价主人可以说热

情好客；评价孩子可以说热情好动；评价工作可以热情似火；就连我们在填写人物评价的时候第一个想到的词语就是热情。这给人留下一种“只要热情总没错”的感觉，甚至很多人认为只要自己热情待人，总能够得到对方的回应。

然而在生活中，实际情况却恰恰相反，我们越是过度热情，就越是会使对方与我们疏远。

陆滇威听说朋友要来家中做客，激动得一晚上没有睡好觉，满脑子都在想着如何接待好朋友。

天还没亮，陆滇威便早早来到车站等候，一直等了几个小时才接到朋友。回到家后，陆滇威又是一阵嘘寒问暖，搞得朋友都有些不自在了。

最让朋友接受不了的是吃饭的时候，陆滇威热情过头，不停为他夹菜。朋友刚刚拿起烟陆滇威就打火帮他点上，这让朋友感到有些尴尬。

朋友有事要走，陆滇威却不停挽留，最后甚至还来了一出“十里相送”，这让朋友感到有些不耐烦。

后来，朋友便很少再来陆滇威家做客，甚至开始有意与之疏远，渐渐与他断了联系。

生活中总会有这么一种体验，我们的热情非但没有获得对方的感激，反而会遭到对方莫名其妙的冷处理，甚至抗拒与反感。此时，我们心里就会滋生出“一种对方辜负自己好意，不知好歹”的委屈情绪。

可事实上，这并不能埋怨对方，热情过度本身就是一种对他人的伤害。

吴珊珊是刚毕业的应届生，因为参加工作没有多长时间，处理人际关系还是按照在学校的方式来进行，虽然也算是热情待人，但却不会做到忽视自我。

有一次她见同事因为处理的文件出现问题，导致下班也不肯回家，便提议自己留下来帮忙。

同事婉言拒绝后，吴珊珊也没有坚持，便自己先行回家。

后来两人相熟以后，同事向吴珊珊求助，在力所能及的情况下她也会帮忙，在同事不需要帮助的时候，她也不会过度热情。

两人就这样看着关系不近不远，没想到最后却成了要好的朋友。

生活中大家总是对推销人员存在着一种莫名的抗拒心理，特别是在自己明确表示不需要，甚至反复地拒绝后，他仍向你喋喋不休地陈述时，这种抗拒就升级为反感，甚至厌恶。

过度的热情，其实并不能让人感到愉悦，有时候反而会给人强烈的沉重感，从而产生反感甚至排斥。这在心理学上，叫作“心理卷入程度过高”。即个人在心理上与环境的关联程度过高，容易过度为他人操心和受他人影响的心理情绪。

而对于这种心理卷入程度过高的原因分析中，有一个很重要的解释是，其本身具有不自信的特质，害怕别人对他进行否定与排斥。其实说白了就是我们不够自信，希望从他人身上得到肯定。事实上这种习惯性地过度关心别人的生活心理和行为本身就是不健康的，甚至可以说他骨子里存在一种自卑。由于对自身的不自信，害怕别人否定自己，所以便首先否定别人，然后再尝试引导别人进入自己的思维框架，从而获得别人的认可，甚至崇拜。

摒除那种世俗的偏见，究其根本原因，其实便是他们存在着强行改变我们生活习惯的企图，我们下意识中，对自我做出一种名为抗拒的保护。

而这一种无意识下自我保护的本能，叫作防御机制。

当某些东西尝试改变我们的固有思维时，防御机制就会立马被激活，从而表现出明显的抗拒。而如果此时对方没有选择适可而止，而是反复尝试去改变，甚至攻击时，在防御机制的催发下，便会进行有效的反击，便会不自主的产生更多的负面情绪因子：反感，厌恶，甚至愤怒。

仔细想想，这种过度的热情，其实与推销人员并无二致，都是在向别人推销自己的“产品”，唯一的区别便是他们向别人兜售的是自己的三观。

甚至从某些意义上来说，这种过度的热情比推销员更招人抗拒与反感。

因为这种热情多发生于朋友、同学或者同事这种长期产生交集的关系之中，无论从信任的角度考虑，还是从时间的长度出发，显然会对彼此之间造成更加深远的影响。

正所谓“距离产生美”，我们都知道，在社会活动中，人与人之间都存在一个身体上的安全距离，过了那个距离便会让人觉得不自在。同理，也可以将之延伸到心理上。

其实，生活本就艰难，与其花过多时间关注他人的生活，倒不如静下心来好好充实自己。努力过好自己的生活，对朋友的热情适可而止。每个人都有自己生活的方式与原则，亦存在不同的思维与三观，给彼此一个安全的空间即是对彼此情感的尊重。

6. 闲聊也别口无遮拦，避免话不投机

在日常生活之中，我们有时候会感觉比较无聊，或者心中有事想要发泄，这时候我们常常会选择的方式约上好友，换个环境舒适的地方坐下闲聊。

闲聊可以说是一种最方便的消遣方式，但是我们很多人在闲聊的时候只顾着放松自己，说话的时候口无遮拦，将闲聊当作一种发泄方式。这种情况一两次还好，随着次数的增多，与我们闲聊的当事人就会感受到厌烦，认为与我们聊天是“话不投机”，渐渐便会拒绝与我们交谈，甚至会因此而减少彼此的往来。

莫贝尔工作比较清闲，没事的时候就喜欢约上朋友游玩闲聊。

一次在闲聊的时候，莫贝尔不禁抱怨起自己的同事，直言同事处处与自己作对。

朋友听后也没有一味地附和，只是说那位同事也只是公事公办而已。

为此莫贝尔却有些不高兴，直言:“你是我们朋友，怎么老是向着他说话？”

朋友见此也不多说什么，只是感觉与莫贝尔话不投机，渐渐不愿接受他的邀请。

后来这事不知道怎么传到同事耳里，同事对莫贝尔也变得更加冷淡，甚至开始孤立莫贝尔，这时候莫贝尔到了甚至连可以说话的朋友也找不到了。

俗话说“酒逢知己千杯少，话不投机半句多”，闲聊虽然是我们日常生活中的一种消遣方式，但却不能口无遮拦，不注意说法方式便会得罪他人。

那么我们如何做才能在闲聊时避免因为自己的口无遮拦，而导致彼此话不投机呢?

首先，我们要做到不说直话。理论上来讲，待人处事确实应该坦诚，直来直去这种性格仿佛也没有什么太大的问题，但是在实际情况中却并非如此。我们日常生活中随处可见这种“心直口快”的案例，而大多数情况下，这种“心直口快”往往成了肆意伤害他人的帮凶。如果对方以“心直口快”为由，说出伤害到我们自尊的话，我们无法反驳，那么唯一能做的就是敬而远之。这也是为什么那些“心直口快”的人的朋友越来越少的原因。

其次，我们要避免在闲聊中胡言乱语。佛教的八戒，儒家的五义，道家的“去伪存真”，佛、道、儒三家虽然理念不同，却都在强调不说胡话，由此可见这一条重要性。闲聊在很多情况下会演变为几人聚在一起互吹牛皮，而胡言乱语只会给人留下轻浮，不可信任的印象，影响日后我们与人交往。

再次，闲聊要避免闲话，更要避免怨天尤人。我们在日常生活中闲得无聊，或者想要找人解闷的时候，往往会选择约上三五好友到家中坐坐，随意闲聊两句，打发时间。但是闲聊虽然对于内容没有任何要求，却不能随意说他人闲话，保不齐我们所谈论的闲话就会传到当事人的耳里。况且，我们肆意说他人闲话，对于与我们闲聊的人来说也是一种负担，会让对方进入一种两难境地，回答也不是，不回答也不是，可供的选择也只有沉默不语，最终让彼此的闲聊变为我们自己的独角戏。

同时，我们还要避免在谈话中怨天尤人。我们在不满意的时候，经常说出一些怨天尤人的话，怨恨同事，怨恨朋友，甚至怨恨家人。经常讲抱怨的话，如果被别人听到，就会以此借题发挥、搬弄是非地传播开来，最后只能自食苦果。况且，当我们在谈话中开始抱怨的时候，就意味着我们需要倾诉，发泄出埋藏在自己心底的负能量，而对方不可避免会成为这些负能量的载体。试想一下，如果换成我们也不愿意不停地吸收这些负能量，所以常常怨天尤人也会使得彼此关系越来越远。

最后，要避免口出狂言，恶语伤人。我们在闲聊的时候，不可避免会产生一些矛盾，而有时候我们在情急之下就会口出狂言、恶语伤人。俗话说“良言一句三冬暖，恶语伤人六月寒”，我们身体上所受的伤都会随着时间推移慢慢痊愈，但是语言上对对方造成的伤害，却会给双方都留下不可磨灭的疤痕。所以在闲聊的时候，我们要注意控制自己的情绪，避免口出狂言、恶语伤人。

闲聊本没有什么对错，都是为了放松心情而已，我们在自己放松的同时，也要注意他人的感受，这样才能让彼此的“闲聊”更加长久。

7. 朋友的秘密，最适合烂在肚子里

如果问朋友之间如何才能将友谊长久地维持下去，相信很多人的答案都是“互换秘密”。我们在孩童时期，总是喜欢通过主动交换秘密来维持彼此的友谊，长大之后的我们自然不会表现得这么幼稚，但是我们还是会在不经意间，要更倾向和知道彼此秘密的人交朋友。可以说，秘密在朋友之间交往占有很大一部分的比重。

但是秘密之所以是秘密，自然是我们不想让更多人知道，这也是我们在交往中如此看重秘密的原因。那么一旦有一方将对方的秘密泄露出去，那也就意味着愧对对方的信任，会瞬间切断彼此之间的纽带，甚至会使得双方反目成仇。

蒋宓的朋友自幼学习武术，曾经谈过几次恋爱，几任男朋友要不是因为和她在一起感到自尊心受损，要不就是被她的手太重意外弄伤，最终都选择离她而去。

朋友为此深受打击，发誓不再练武，后来又谈了一场恋爱，朋友甚至会故意在男朋友面前展现自己的柔弱，为此满足男友的虚荣心。

蒋宓对此感到好笑，便将朋友的糗事到处传播。

后来这件事情不知道怎么传播到了朋友的男友耳里，男友认为朋友欺骗了他，外加也担心自己会被对方弄伤，于是选择了分手。

朋友知道这件事情是蒋宓传播出去的以后，也开始与蒋宓疏远，渐渐断绝了往来。

我们每个人都有属于自己的小秘密，甚至很多秘密都是我们自身的污点，自然不希望到处被人传播，尤其是传播到自己在意的人耳朵里。不论是谁肆意泄露我们的秘密，我们都会与之反目，同理，当我们泄露了对方的秘密，那么彼此的友谊也就走到了尽头。

蔡锦国是生活中的“知心大哥”，很多朋友都愿意与他分享秘密，而蔡锦国也对得起朋友对他的信任。

蔡锦国平时很注意控制自己的嘴巴，就算是跟别人闲聊也会做到多听少说，也因此有效地防止了自己在无意间泄露出去朋友的秘密。

他也会因为这些秘密而感到心里沉重，想要得到宣泄，于是他养成了写日记的习惯，将这些秘密记录在日记之中，然后将日记好好地封存起来。对于一些比较重要的秘密，他会将其随着日记本一起烧掉。

就这样，与他分享秘密的朋友越来越多，蔡锦国的人缘变得越来越好。

秘密在我们日常交往中的重要性不言而喻，那么我们如何做才能将朋友的秘密烂在肚子里呢？

首先学会控制自己的嘴巴。我们很多时候，将朋友的秘密泄露出去时，并不是有意为之，大多数情况下都是在我们与他人闲聊时，不经意间泄露出去。所以管好自己的嘴巴就显得尤为重要，我们常常说“多说多错”，这一点运用在帮朋友保守秘密的时候同样适用。无论是闲聊之中，还是在其他场合，我们都要秉承多说多错的态度，多听少说，这既是对他人的尊重，也是防止自己无意间泄露秘密的方式。

其次尊重他人的隐私，重视自己的诺言。我们有时候将朋友的秘密泄露出去，其根本上是我们压根没有意识到这件事情的重要性，没有意识到这个秘密对于当事人来说意味着什么，甚至有时候我们只是将这一秘密当作是一个普通生活笑料，只有等到当事人找上门来我们才能意识到自己的行为有多可恶。所以想要将朋友的秘密烂在肚子里，在思想上就要将这一秘密重视起来，尊重他人的隐私，不随意讨论他人的事情，这也是重视自己诺言的表现。

再次给秘密寻找一个宣泄口。朋友将秘密分享给我们，是对我们的一种信任。为了回馈这种信任，就得将秘密埋藏在心里，承担其这份秘密的重量。有时候我们将秘密泄露出去，其实是想要寻找一个宣泄口，减轻自己的负担，但这一举动无疑是对朋友的一种伤害。所以我们就需要在不伤害朋友的基础上，给秘密寻找一个宣泄口。我们可以通过写日记，运动，寻找没人的地方大声呐喊等方式，发泄出心中的压力，或是将秘密的重量分担出去。

最后学会遗忘朋友的秘密。常常看电视剧的人都知道，想要骗一个人，最好的方式是连自己都欺骗，其实对待秘密也是如此。我们知道这个秘密，就需要时刻防止自己不小心将之泄露出去，这对自己来说也是负担。所以我们在对待朋友的秘密的时候，可以选择不听，或是听后也不要放在心上。时时刻刻提醒自己秘密的重要性，无疑是在自己脑海里加深对这个秘密的印象，我们不放在心上，反而会慢慢淡化这个秘密。同时，也不要到处宣扬自己知道朋友的秘密，如果将自己知道秘密的事情闹得人尽皆知，有一天秘密泄露出去，就算不是自己说的也会变成是自己泄露出去的。

8. 谣言到自己这里就是最后一站

我们都知道三人成虎的故事，我们也经常会在新闻上看到某人因为无法忍受谣言而选择轻生的新闻，谣言的危害可见一斑。

事实上，谣言不仅会对当事人造成危害，甚至会对身边的朋友造成一定程度的影响。

祖世懋是一个科幻小说迷，平日里最喜欢的事情就是登录科幻论坛，与世界各地的科幻爱好者交流。

一天，祖世懋在论坛看到一篇文章，作者称宇宙也如地球一般拥有四季变化。作者将冰河世纪称之为“冬季”，将过往生活的时间称之为“春季”，而现在就是出于一种春夏交接的季节，并举出很多例子证明自己的观点，指出要做好“过夏”的准备。

祖世懋对此感到非常恐慌，他按照文章的要求做好疯狂采购食物，并且到处传播谣言，使得身边人也开始担惊受怕。

后来随着谣言越传越广，警察介入调查，发现其实那篇文章只是一本科幻小说的理论依据，只是被祖世懋进行了曲解，而祖世懋也因此被刑事拘留。

俗话说“谣言止于智者”，但这句话却不是说说而已，真正想要禁止谣言的传播，就需要我们掌握一定的方法，正确看待谣言。只有认识到谣言的危害，才能使得谣言到自己这里变成最后一站。

莫莉在朋友圈经常会看到各种谣言的传播，对此她总是保持一种观望态度，在不确定谣言真实性的情况下，不会肆意传播。

并且她还会努力提高自己的专业知识，对于一些自己能够分辨的谣言，她会提示好友不要再传播。

而对于一些比较过分，甚至危害正常生活的言论，莫莉甚至会向警方举报，期望警方对此进行调查，莫莉也因此帮助警方侦破很多网络谣言传播的案件。

谣言的后果非常严重，传播谣言甚至可以构成犯罪事实。我们大多数人在传播谣言的过程中并没有意识到自己是在传播谣言，否则的话不仅会做到自己不传播，还会阻止他人传播。

当我们成为传播谣言的一分子的时候。虽然我们自己禁止谣言的传播，对于大局来说没有决定性的影响，但是却可以切断一条传播谣言的途径，如果我们能够积极地去消除谣言带来的影响，那么澄清谣言就会多一条渠道。

那么我们应该如何防范谣言，使得谣言到自己这里就是最后一站呢？

首先，正视谣言，理智看待传播内容。现实生活中很多谣言之所以能够传播开来，是因为我们大多数人会错将谣言当作事实。其实谣言无处不在，任何事态都具有两面性，我们评价一件事情会带有自己的主观印象，传播开来就会误导他人忽视事态的另一面，这也就造成了谣言。所以我们要正视谣言，客观地看待问题，对任何信息都要抱有怀疑态度。

其次，积极应对谣言，寻找信息来源。我们大多数人在传播谣言的过程中，并没有仔细考虑消息的来源，这也就造成了很多谣言被越传越黑。其实很多谣言的发布者都是在利用我们的情绪，最终达成某种目的。我们不清楚消息的来源，就无法确定这个消息的真实性，所以面对谣言的时候我们要抱有刨根问底的态度，积极寻找消息的来源，从根本上确认消息的正确性，避免误传谣言。

再次，加强科学知识的学习，积极寻求他人帮助，使自己具有辨别谣言的能力。我们很多时候之所以成为谣言的传播者，其根本原因在于我们不具备相关的专业知识，也就是我们本身不具备辨别谣言的能力。在懵懵懂懂之间，错把谣言当成事实，被他人利用。所以我们要努力提高专业知识，让自己对一些事情有一个基本的判断。同时，我们也要积极寻求他人的帮助，必要的时候可以向相关部门反馈，让自己对于谣言有一个基本的辨别能力。

最后，无论是不是谣言都不要肆意传播，尤其是那些对于他人名誉有损的消息。我们常说“只有不去做的人才不会出错”，这句话虽然是用来讥讽那些不去作为的人，但用在防止谣言传播这里确实是一个有效的方法。只要我们去传播，就有可能会出现过错，成为谣言的帮凶。所以最好的办法就是，无论我们听到的消息是不是谣言，都不去大肆传播，我们不做，怎么也不可能成为谣言的帮凶，尤其是那些对他人名誉有损的消息来说，更要如此。一个消息并不发生在我们身边，我们也不知道它的真实性，或许这件事情另有隐情，所以在我们没有亲眼所见的情况下，便不去传播那些我们不确定的消息，防止误传谣言。

第三章 反驳的话，多绕个弯子就会少碰颗钉子

1. 坚持自己的意见，但切莫让对方“无地自容”

我们在日常生活中，常常会看到过往亲密无间的朋友，因为某事意见不同而产生分歧，双方越吵越凶，最终分道扬镳的事情。

之所以会造成这种局面，是双方总是坚持自己的意见而伤及对方的面子，使得对方感到“无地自容”，双方的感情因此产生裂痕，最终发展为断绝往来。

潘巍与朋友一起创业，失败后决定先找一份工作累积经验，潘巍心中倾向于自媒体行业，而朋友却决定加入传统出版行业，两人为此多次产生争论，但却谁也没能说服对方。

潘巍希望两人还能够在一起合作，情急之下就有些口不择言：“传统出版行业早已经没落了，你看现在谁还看好纸质媒体，也就是你这样的人才会抱着不放。”

朋友心中不服，举出很多例子来证明传统行业还具有发展前景。

潘巍一听却更加来气：“当初要不是你一意孤行，非要加入传统行业，咱们的创业也不会这么快失败！”

朋友一听顿时哑了火，潘巍有些后悔。其实创业失败与传统行业并没有关系，但确实与朋友决策失误有着密不可分的联系，对此，朋友也一直感到后悔。

潘巍想要说些什么，朋友却并没有给他机会，反而选择独自离去。后来两人渐渐失去来往。

人们常常高呼“每个人都有说话的权利”，但这并不是我们肆意用言语伤害他人的理由。双方意见不同可以商量，商量不出双方都能接受的方案，也可以各走各的路，互不干涉，完全没有必要相互撕破脸皮，争个你死我活。让对方无地自容的同时，也会让自己脸上无光。

那么我们怎么做才能在坚持自己意见的同时，避免让对方“无地自容”呢？

首先正视彼此之间存在的分歧。我们在呼吁“言论自由”的时候，对方其实也具有言论自由的权利。我们每个人过往的经历有所不同，所看待问题的角度也存在差异，所以不要期望每一个人都能认可我们的观点。我们首先要做的就是肯定彼此之间存在分歧，由心认可分歧，只有正确认识到分歧的存在，才能帮助我们解决问题。

其次肯定对方的意见，坚持自己的观点。很多情况下，我们的意见虽然不同，但这并不会影响到事情的进行。这个时候，我们要做的事情不应该是表述自己的观点，而是肯定对方的看法。这能够让对方更愉快地与我们合作，有助于事情的解决。同时，肯定对方的观点并不意味着我们并不需要坚持自己的意见，心里不认同却选择不说，只不过是为了让事态得到更好的发展，所以才暂时放下自己的观念罢了。

再次多听少说，意见不同也不要肆意反驳对方。有时候我们的意见产生分歧，并不是单用“偏差”就可以描述的，甚至有时候彼此的意见完全是处于相对的两个方面，做出不同的选择就完全将事态推动到两个相反的方面。但是这还存在一个事态是否与我们自身相关的问题，有时候我们彼此双方虽然意见不同，但是事态的发展对于我们本身而言并没有什么决定性的影响，甚至这只是对方自己的事情，我们只是出于“好心”前来相劝而已。那么我们完全没有必要为此伤及对方的自尊，让双方都下不了台面。在我们的意见表述完毕之后，如果对方并不认同我们的观点，不妨言尽于此，尊重对方的选择。毕竟选择权在对方手里，而无论最后发生什么样的结果，也是需要对方自己来承担，我们既然不需要承担责任，自然也没有选择的余地。

最后学会求同存异，合作共赢。如果某件事情的发展与我们息息相关，但是彼此之间却存在严重差异，那么我们也不要急着说服对方。我们每个人所处的位置不同，所看待问题的角度也会有所差异，甚至有时候一旦做出退步就会给自身带来损失。这时候我们不妨放下意见，彼此各退一步，求同存异，达成共识，这样不仅可以顾及对方的面子，也可以顺利地解决问题。

2. 学会让数据说话

在现实生活中我们总是会遇到与人意见不同的时候，有些情况下可以暂时放下不同意见，而有些情况下我们彼此的观念完全处于对立的局面。这时候我们往往需要说服对方，让彼此都达到一种相同的目的，这样才能让事态得到更好的发展。

而如果我们不能掌握一定的方法，拿不出有利的证据，只是反复阐述自己的观点，不仅会降低观点的说服力，还会给对方留下固执，不肯变通的印象。

赵博毕业之后从事动画制作，随后慢慢成为可以独揽一个项目的主管。

一次他突发奇想，认为可以把游戏与动画相结合，制作一个主角在游戏世界冒险的故事。

赵博兴致勃勃地将自己的想法告诉领导，领导听后表现出浓厚的兴趣，让他回去制出完整的提纲，以方便说服投资商。

赵博回去后收集资料，甚至还做出 10 分钟的样章。但是展示的那天却效果平平，没有一个投资商有兴趣。

老板看不下去了，示意赵博拿出真凭实据，但赵博却完全没有做过这方面的准备，只是干巴巴地表述自己的观点。

最终赵博还是没能说服投资商，连带着老板也对他失望透顶。

如果有人问，与别人意见不同该怎么办，相信大多数人都会选择用事实说话，而数据恰恰就是体现“事实”的最简单、有效的一种方式。学会用正确、合理的数据做证观点，不仅能够增加观点的说服力，还会为其披上一层名为“正确性”的外衣，使得对方就算不赞同我们的观点，也找不到反驳的理由。

白冉冉毕业之后创立一个新媒体公司，本来发展得还算不错，没想到合作伙伴却突然打算终止合作。

白冉冉通过打听得知对方对于新媒体的前景不太看好，于是带上自己事先准备好的资料上门商谈。

她向合作伙伴展示了从十年前一直到现在新媒体发展的数据，展示新媒体各项数据的逐年递增，大胆地预测了新媒体的发展前景。对于合作伙伴的质疑她也不慌不忙，只是不停展现自己收集到的数据并加以分析，也不主动提出继续合作的话题。

最终合作伙伴还是被她说服，同意继续对她的公司进行投资。

用数据说话是一种增强说服力的有效方法，但这却也是需要掌握一定的技巧，胡乱地引用数据不仅不能增强自己的说服力，还会使得自己的观点受到质疑，严重的情况下甚至会使得我们失去公信力。

那么我们如何才能做到让数据说话呢？

首先锻炼自己的计算能力，转变思维方式。计算能力并不是指我们的算数能力，而是引用数据的一种思维方式。我们很多人在引用数据的时候并不能摆脱思维惯性，很多数据不加分析脱口而出，最终酿成笑话。最典型的例子脑筋急转弯，它所利用的就是我们的思维惯性，让我们忽视很多可能存在的客观条件。所以我们在引用数据之前一定要进行简单的分析，确认数据最终得到的结果，能够加深自己语言的说服力，与自己的目的构成相辅相成的关系。否则一次无效的引用数据，反而会成为对方观点的有益论据。

其次保持质疑的态度，正确理解自己所引用数据的含义。其实日常生活中，很多人为了加强自己语言的说服力，或多或少会引用一些数据，但是我们大多数人在引用数据的时候却并没有考虑过数据背后所隐藏的含义。比如，最典型的大学生失业率，很多人看到大学生失业率居高不下，就认定学历对于自己找工作并没有什么实际作用，但其实不然，大学生失业率居高不下的背后，还涉及当代受教育程度，当代人思维方式转变，大学生心理等多个方面的问题。如果只是片面地理解并加以引用，不仅不能起到说服对方的效果，还会让对方质疑自己的能力。所以我们对自己引用的数据要抱有质疑的态度，探究数据背后所隐藏的含义，这才能让我们的数据更具说服力。

再次努力提高自己，使自己更加充实。每一个数据都隐藏着不为人知的含义，甚至从不同的角度能够看出不同的内容，这需要我们拥有一定数据分析的能力，而这一能力，却是建立在我们拥有相关知识的前提下。所以，想要运用数据去说服对方的话，就要努力地提高自己的专业知识，加强自己数据分析的能力，只有我们的知识累积到一定程度，才能够通过数据的表面看到事情的本质，而这也是学会用数据说话的重点。

最后引用正确的数据。很多人会引用是几年前的老旧统计数据，甚至干脆自己现编、或引用错误数据。这种在没人揭穿的情况下，也许不会出现太大问题，但是一旦被人揭穿，就会让我们失去公信力，让对方不再相信我们的观点。所以我们在引用数据的时候不能抱有侥幸心理，要做到实事求是，引用时代前沿最正确、有效的数据，不给对方反击的余地。

用数据说话没有想象中的那么难，但它需要很多技巧，只要我们掌握一定的方法，就能够轻松引用数据说服对方。

3. 反驳的时机未到，就先保持沉默吧

在日常生活中，我们总是会遇到意见不同需要反驳对方的时候，但是有时候我们反驳对方，却会将双方的讨论演变成为一场“骂战”。

这其实是因为我们没有能够做到认真倾听对方的观点，在反驳时机还没有到的时候做出了反驳。这将双方的冲突加剧，更让彼此的论据都失去了意义。

耿景明一直自诩是“辩论家”，喜欢看到对方被自己反驳到哑口无言的样子。

但是他的朋友却对此嗤之以鼻，因为他的“反驳”总是会令人感到反感。

原来耿景明在与他人讨论的时候，总是喜欢“抢话”，在对方正在表述自己的观点的时候就开始反驳，一开始还有人认真跟他争论，但结果往往会演变为“骂战”。

后来朋友懒得与他计较，甚至因为他这种行为开始渐渐与他疏远。

反驳对方却并不代表我们可以不尊重对方，认真听完对方的表述，是人际交往中的基本礼仪。从另一个角度来说，我们只有认真听完对方的观点，充分理解对方的观点，才能使我们更好地反驳对方。

季尚云周末与妻子一起去家具城购买家具，妻子看上一个组合柜，但是季尚云却觉得既不实用还占地方。

妻子听后就开始与他说起组合柜的好处，还说这柜子方便存放东西。

季尚云就在一旁认真听，也不打断妻子说话，直到妻子说完才表达自己的观点。他听出妻子比较关心孩子，举例说明很多孩子被困组合柜的案例，成功打消妻子购买组合柜的想法。

虽然在反驳时机未到的时候我们应该保持沉默，但却不代表我们可以无所事事。俗话说“机会都是留给有准备的人”，反驳时机未到的时候，也恰恰就是留给我们准备的时候。做好相应的准备，在反驳的时候才能抓住时机，甚至为自己的反驳创造时机。

首先要认真倾听对方的表述，只有理解对方的表述才能做出有效的反驳。我们很多人在对方表述观点的时候，总是一副心不在焉的样子，甚至完全不关心对方说了什么，只是想着对方说完以后自己应该如何反驳。其实这种行为并不可取，暂且不论其他，认真倾听对方说话是一种最基本的社交礼仪，是一种对他人的尊重。我们尊重他人，那么我们自己也将得到他人的尊重。

况且，如果我们想要有效反驳对方的话，就要理解对方所说的内容，这也需要我们认真聆听对方的表述。试想一下，如果对方在反驳我们的时候，并不能拿出有效的论据，只是喋喋不休地谈论自己的观点，那么我们会做何感想？同理，我们无法做到聆听对方的表述也会给人留下一种轻浮、缺乏基本礼貌的印象。

其次明确双方观点的异同，将对方的表述作为自己的论据。我们很多人的观点存在差异，但这些差异其实也存在某些共同点，而我们在保持沉默倾听对方观点的时候，可以从对方的观点中，找出与我们自身观点相似的地方，然后在我们反驳的时候，就可以巧妙地运用这些共同点作为观点的论据。这样就会大大增加观点的说服力，也能够让对方“自食恶果”，无法反驳。

再次抓住对方表述中可能存在的漏洞，为自己的反驳创造时机。我们常说“没有机会，就创造机会”，其实在反驳的时候也是如此。没有完美无瑕的观点，对方的论述也不可能毫无破绽，我们在倾听对方观点的时候，也要学会积极从对方的论述中寻找漏洞，运用这些漏洞对对方进行反驳。

最后表述自己的观点，就是对对方最好的反驳。反驳对方的话，无疑是会加剧彼此之间的冲突，甚至有时候双方会出现争论不下，谁也无法说服对方的局面。这时候我们不妨换一个角度思考问题，不去反驳对方的观点，而是用事实阐述自己的观点。一旦我们能够确立自己观点的“正确性”，让自己的观点得到大多数人的认同，那么就算不去反驳对方的观点，对方的观点也很难寻找到立足空间。所以有时候，表述自己的观点，使之得到大多数人的认可，这本身也是一种对对方观点的反驳。

倾听对方说话，是我们的基本礼仪，但只要掌握一定的方法，就算在时机未到需要保持沉默的时候，也能够为自己之后的反驳找到有力论据。

4. 对于相反的意见，暂且表示同意，然后再提出自己的观点

在现实生活中，由于我们每个人所处的位置有所差异，看待问题的角度也会有所不同，甚至有时候彼此间会持有完全相反的观点。

这时候如果我们一味坚持自己的观点，只会加剧双方的矛盾，激化彼此的冲突。

朱耀华是负责公司娱乐行业的经理。

有次开会，听到同事提议减少公司娱乐行业的投资，他心中有些不快，当即表示出了反对意见。

同事也不甘示弱，有理有据地分析了娱乐行业的前景，表示当前公司的重点应该放在其他行业。

对此朱耀华却并不赞同，直言对方属于业外人士，不了解业内行情。

两人一直争执不下，最终不欢而散，后来还因此结下了私仇。

对于一件事情，我们每个人都会有不同的看法，也有权利提出自己的观点，但是我们在提出观点的时候却需要掌握一定方法，来减少彼此之间的冲突。而

面对相反意见的时候，暂且表示同意，然后再提出自己的观点，无疑是其中最简单、有效的方式。

莫凝雪毕业后与同学一起创立游戏工作室，同学提议制作一款动作游戏，而莫凝雪却认为工作室对这方面没有什么经验，技术方面很难达到要求。

但她知道同学比较好面子，怕直言会使得对方下不了台，便说："我很同意你说的动作游戏很赚钱的观点……"

一番赞同之后，她突然话锋一转："但是我们现在无论是经验还是技术都难以达到要求……"

随后又言明了其他游戏的发展前景，以及工作室的实际情况。她渐渐说服了同学，成功化解了矛盾。

对于相反的意见，可以暂且表示同意，然后再提出自己的观点。这能够有效地减少冲突，但是其中却需要掌握一定的细节。

首先，赞同对方的观念，要发自肺腑。我们的语言想要到达自己所预想的效果，最先需要注意的就是语气。试想一下，如果我们说话的语气比较冲，给人一种恨不得"生吞"对方的感觉，那么我们无论怎么赞扬对方，都难以让对方接受，甚至会误会我们是在嘲弄对方。所以我们在赞同对方观念的时候要发自肺腑，衷心赞扬对方的观点，让对方接受我们的肯定，这才能为我们接下来的话铺平道路。

其次，赞同对方的观点要避重就轻。我们很多人在运用这种"先扬后抑"的方式的时候，没有把握住这种方法的要点，反而忘记了自己的目的，将表述观点的事情忘得一干二净，将整个表述的核心都放在了如何赞同对方观点这一次要目的上。这其实没有分清主次，要知道，我们先表示赞同对方的观点，其根本目的是为了让对方能够继续听我们的表述，能够为我们之后提出自己观点铺平道路，为彼此的观点碰撞减少冲突。所以我们在赞同对方观点的时候一定要避重就轻，对于对方的核心观点不予评论，保持一种不赞同也不反对的态度即可。

再次，表述自己观点的时候要暂时避免强烈冲突点。很多人在运用这种“先扬后抑”的方法时，也真心赞同了对方的观点，也做到了避重就轻，但是到了表述自己观点的这一步时，却遭到了对方强烈的反驳。其实这就是我们没有用对方法，过早地将双方的冲突点摆放到台面上。

要知道“先扬后抑”的核心是循序渐进，无论是我们之前赞同对方的观点，还是避开对方的核心观点，都是为了减少双方的紧张感。这个时候彼此之间的气氛就如同温度一样，虽然缓慢上升，却还是处于零度以下。而一旦我们开始表述自己的观点，这也意味着温度上升到零度以上。我们突然投出自己的核心观点，就如同直接将对方置于一种很高的温度，其中的“温差”自然会让对方惊醒，让我们之前的铺垫变得毫无意义。所以我们在表达自己观点的时候，也要掌握循序渐进的方式，先从与对方比较相近的观点开始，然后一步步引导对方接触到我们的核心观点，让彼此观点的碰撞有一个缓和空间。

最后，做好产生冲突的准备，不要指望对方能够轻而易举地被自己说服。既然有分歧，也就代表着彼此会产生不同程度的矛盾，只要不能消除这种分歧，就算我们的方法再精妙，我们彼此之间的冲突还是不可避免。所以我们在提出自己观点的时候，不要抱有对方能够轻易被我们说服的心理，要时刻准备可能到来的冲突。只有正视冲突，解决冲突，才能达成共识。

观点差距比较大并不是问题，就算相互对立也不是不能解决。只要我们先表示赞同对方的观点，然后再循序渐进地提出自己的观点，相信对方会很乐意听完我们的表述。

5. 迂回地表达反对意见，减少摩擦

有时候，我们不管是否赞同对方的观点，都需要站出来表达反对意见。而这种情况下如果我们不能学会迂回表达自己的反对意见，而选择直面双方的观念碰撞，就会在不经意间激化双方的矛盾。

刘芸毕业之后选择成为一名策划。在某一次策划会上，她拿出自己精心制作的APP，准备一展才华的时候，却突然遭到主管打断。

“先等一下，你这个方案的思路，上个月我们就已经否定了，当然，你当时还没来公司。这样吧，你先介绍到这儿，多听听其他同事的方案吧。”

刘芸觉得羞愧难当，开始埋怨起主管来，和主管的关系也一直不是很好。

后来刘芸在面对猎头挖人的时候，毫不犹豫地选择了跳槽，在另一家公司开始崭露头角，渐渐升为经理。而主管的这一句话，却使得公司白白丢失一个人才。后来此事被公司知道后，主管给公司高层留下一个不堪重用的印象。

我们有时候会感觉在人际交往中出现的矛盾与摩擦总是很莫名其妙，其实很多都是在我们提出反对意见的时候没有运用迂回的战术，过于直言伤及对方自尊，让对方对我们产生“敌视”。

所以学会迂回地表达反对意见就尤为重要，既可以展示自己的观点，又能够减少彼此的摩擦，有时候还能够缓和彼此的关系，何乐而不为呢？

张自强是班级的班长，一次老师让他演讲自己所写的作文。

随着张自强的演讲，台下却一直有人在窃窃私语，甚至他都能够听到几个同学在讨论他的作文有些跑题。

张自强也不知道自己是怎么将自己的作文演讲完毕，只等着老师上台来宣判死刑。

“张自强的作文虽然与我们的要求有些差异，但却有很多值得我们学习的地方……”

之后老师并没有再提及跑题的问题，反而认真点评起他的写作技巧。

因为老师顾全了张自强的面子，张自强后来越来越喜欢作文写作这一门课程，甚至毕业后选择进入新媒体写作这个行业。

那么在我们持有反对意见的时候，如何迂回地表达才能够减少彼此间的摩擦呢？

首先认真倾听对方的谈话。在生活中，有时候彼此之间的意见冲突比较大，甚至有时候已经严重到彼此一开口就遭到对方的反驳，在这种情况下，很显然我们并不能够进行有效的沟通。所以我们不妨先听取对方的意见，耐心地听对方表述完观点，这不仅仅是一种对对方的尊重，也能够为彼此的讨论拉开序幕，为自己之后提出反对意见做好铺垫。在大多数的情况下，我们如果能够认真听完对方的表述，并且在必要的时候表现出欣赏和赞同，那么彼此间紧张的气氛就会得到有效缓和。出于基本的礼貌，以及对我们刚才认真听完对方谈话的回馈，就算我们之后所说的话有些难以入耳，对方也不会第一时间跳出来反驳。

其次避开双方的冲突点。我们想要迂回地表达自己的反对意见，其根本原因就是为了减少彼此的摩擦，能够让彼此的谈话进行下去，那么我们就应该做到尽量避开彼此观点的核心冲突点。我们在看待一件事物的时候，彼此之间意见会产生偏差，但却不一定是完全呈现对立面，总是会有些相同或是相近的地方。而我们要做的就是找出这些相近的观点，先从这些观点开始讨论，循序渐进，慢慢引导对方向我们的核心观点靠拢，给对方一个缓冲的空间，然后在感觉时机差不多的时候，再提出自己的观点，避免彼此之间的直接冲突。

再次将自己的观点以其他方式，或是通过他人之口表达出来。彼此之间观点不同，需要说服对方的时候，必然会产生一定的矛盾，但是我们却不一定要直面这些矛盾。我们在表达反对意见的时候，之所以会产生摩擦，是因为彼此之间出于一种“面对面”的状态，双方都已经将矛盾摆放到了台面上。但是我们的目的是提出反对意见，以及说服对方。所以我们完全可以避免彼此之间“面对面”发生冲突，用其他的方式，或者让其他人居中调和，甚至可以让彼此相熟的人转达观点，让彼此的交流变得更加有效。

最后迂回并不等于徘徊，我们要牢记自己的目的。我们很多人在使用迂回战术提出反对意见时，会分不清主次关系，忘记自己的目的，让战术变成对方肆意展现自己观点的舞台，甚至有时候会被对方说服。我们都知道兵法中的“围魏救赵”，这是一个典型的迂回战术，但这个战术的最终目的却是“救赵”，“围魏”只是其中的一种方式，如果无法达成我们的目的，这种方式也会变得毫无意义。所以我们在使用迂回战术表达反对意见的时候，一定要牢记目的，不要顺着对方的思路跑偏，时刻提醒自己主导对方的观点走向。

6. 不妨利用第三者的口吻去反驳对方

“我妈不让我晚上出门。”

“古人言：知错能改，善莫大焉。”

“你这个方法虽然没有什么问题，但是公司领导却不让咱们这么做。”

在生活中我们有时候会遇到双方意见不同，或者对方的提议对自身有害的时候，需要我们提出自己的意见去反驳对方，这时候直言不讳会伤及彼此的感情，我们不妨利用第三者的口吻去反驳对方，将自己置身事外。

这种方法虽然是我们最常用，也是最简单的方式，但却需要我们掌握一定的技巧。不懂得其中的技巧，盲目瞎用，只会起到适得其反的效果。

李棠与朋友一起经营一家超市，不知道朋友听谁说起海鲜赚钱，执意要引进一批海鲜产品。

李棠知道后就跑去劝道："我在咱们班长那里打听了一下，他说现在海鲜并不好卖，尤其是在我们这个小城市里。"

朋友听后不以为然："他自己就是倒卖海鲜的，还说海鲜不好卖？"

李棠见劝不住朋友，严厉喝止："来时你爸妈让我看住你，不许你胡乱引进一些乱七八糟的东西。"

朋友一听也是来气，心想：我父母说就算了，你和我又没有什么关系，凭什么制止我。便上前与李棠争吵了起来。

后来李棠还是没有能够说服朋友放弃，反而使得两人的关系渐渐恶化。

利用第三者的口吻来反驳对方，这种方式虽然我们在很小的时候就已经学会，但是正确地掌握这种方法，让自己的反驳更具说服力却是一门真正的技术，需要我们熟练地使用其中的技巧。

那么我们如何做才能正确利用第三者的口吻去反驳对方呢？

首先注意自己说话的语气，利用第三者的口吻并不是我们可以趾高气扬反驳对方的理由。仔细回忆一下，在我们小的时候，我们的父母经常会使用第三者的口吻反驳我们的要求，比如"电视上说了，小孩必须多吃菜"。开始的时候我们或许还能听得进去，但随着我们长大，我们就会对父母那种理所应当的态度产生逆反心理，开始排斥父母的说法。可见，就算是亲密如父母，我们都会对那种趾高气扬的态度表示反感，更不要说是关系不太亲密，甚至有些敌对的彼此了。所以我们在利用第三者的口吻来反驳对方的时候，一定要注意自己说话的语气，不要让自己的语气成为彼此矛盾的激发点。

其次选用正确的"第三者"可以使得我们的反驳更具说服力。利用第三者的口吻去反驳对方，这个"第三者"作为连接彼此之间的渠道，替我们表达观点的重要工具，那么对于这个"第三者"的选择就显得尤为重要。不要选择对方或者与对方持有相同意见的人作为"第三者"，要知道我们利用第三者的口吻，首要目的是要去反驳对方，如果不能够帮助我们反驳对方，那么这次“利用”就显得毫无意义，甚至可能会出现帮倒忙的现象。

同时在“第三者”人员的选择上，一定不能选择和对方意见相反的人员。这就好比两军交战，我们作为说客，上来就来一句“我们将军说了，你们没有胜算，投降吧”，这怎么可能说服对方，不被对方赶出门都算是对方顾及双方的颜面。所以我们的目的虽然是要反驳对方，但却不能表现得过于明显，在增加自己说服力的同时，还要顾及好对方的情绪。

再次确保自己所引用第三者话语的正确性，子虚乌有的话语只会适得其反。在《高兴死了》一书中，作者珍妮·罗森引用了大量“名人名言”，以很多已故名人的口吻为《高兴死了》一书写下书评，非但没有让读者产生共鸣，还让读者认为这就是个精神病写的书（作者的本意就是想要体现精神病的视角）。可见，利用第三者的口吻去反驳对方，那么对方所说话的正确性就显得尤为重要。如果我们利用的“第三者”是虚构的人物，或者所引用的话语根本就是子虚乌有，那么我们所说的话就会受到对方的质疑。

最后努力提高自己，使自己拥有更多的见闻。想要利用第三者的口吻去反驳对方，这就需要我们在日常生活中努力提高自己，这种提高，不单单指学识上的提高，还包括我们生活的阅历。仔细回忆一下，小时候的我们为了增加自己话语的说服力，只会加上“老师说”“爸妈说”之类的话语，而不会产生更多联想。因为那时候的我们无论学识还是阅历都比较欠缺，手中没有掌握更多的资讯。所以努力提高自己，让自己拥有更多的见闻，才能够在我们利用第三者口吻反驳对方的时候做到游刃有余。

只要我们掌握一定的技巧，巧妙利用第三者的口吻去反驳对方，就能够使得我们在反驳对方的时候让对方哑口无言，甚至认同我们的观点。

7. 反驳的理由再充分，也不可咄咄逼人

在现实生活中，有时候我们的理由明明很充分，结果对方不但没有接受我们的提议，反而还恼羞成怒，甚至会在后来断绝与我们的往来，影响彼此的交情。其实造成这一现象的根本原因就是我们没有注意自己的语气，说话过于咄咄逼人，让对方心生反感。

如何正确地反驳对方，这恐怕是很多人都会遇到的难题，我们无论学习了多少方法，对方还是听不进去我们的话。其实这其中最大的原因在于我们的语气，要知道，我们反驳对方，接受与否的选择权都在于对方，那么无论我们的理由有多充分，对方还是会有不接受的可能。

所以我们在反驳对方的时候一定要放低心态，无论自己反驳的理由有多么充分，也不可以咄咄逼人，让对方心生反感。

那么我们怎么做才能使得自己反驳的话，不显得咄咄逼人呢?

首先注意自己的语气，使自己的语言尽量婉转温和。我们生活中总是会遇到一些人说话尖酸刻薄，冷嘲热讽。面对这样的人，无论对方所说的话有没有道理，是不是真的对我们有利，我们都会将之抛于脑后，甚至开始有意疏远这种人。由此，我们也能够看出语气对于语言的重要性。

其次我们的反驳要合乎逻辑，不可胡搅蛮缠。在生活中有彼此意见不同的时候，我们很多人为了反驳对方，就会运用到一种近乎“诡辩”的方式，一味胡搅蛮缠，强词夺理，恶意扭曲事实。并且还会为自己冠以“能言善辩”的名号。其实这种方法并不可取，我们反驳的目的或许是为了让对方认同自己的观点，或是单纯劝诫对方，其实都是为了澄清模糊的认知，让彼此知识的偏差得到纠正。而一味胡搅蛮缠，不着边际地乱说一通，只会让这次的讨论变得毫无意义，甚至还会让对方认为我们强词夺理，不可理喻。

再次要做到以理服人，不可以势压人，或是借势压人。我们反驳对方的方式有很多种，但是最核心的要点却是以理服人。就好比我们有时候为了反驳对方会运用第三者的口吻来劝阻对方，但是很多人却完全没有注意到其中的要点，错将反驳对方当成了命令对方，把利用第三者的口吻反驳对方，当成了以势压人、借势压人。其实这种方式并不可取，无论我们反驳对方的理由是什么，最终的目的是什么，都是想要让对方心悦诚服地认可我们的反驳，听取我们的反驳，一味地压迫对方只会起到适得其反的效果。

最后转变自己的观念，不能抱着“我才是正确”的态度去反驳对方。反驳对方的时候态度尤为重要，在我们小的时候，父母总是会在各方各面反驳我们，但这些反驳我们到底听进去多少，恐怕屈指可数。这其中最大的原因就是我们父母总是会认为“我是正确的”，认为小孩就应该听从大人的意见，一味将自己的观念强压在我们身上，而这也激发了我们的逆反心理。所以我们在反驳对方的时候一定要转变自己的观念，抱着探讨的态度去反驳对方，这样就算最后对方不能接受我们的反驳，至少也不会使彼此的交情因此受到影响。

观念不同不代表真的存在是非对错，就算我们反驳的理由再充分，也不能咄咄逼人，只有这样才能够让对方更容易听取我们的反驳，甚至缓和彼此的关系。

第四章 需要负责任的话，考虑清楚后再说

1. 话不要说满，给自己留后路

在日常生活中，我们常常会与他人产生矛盾，而当我们因此发生冲突的时候，常常就会在情绪激动之下，说出伤害他人的话，从而将话说绝，没有给自己留下丝毫的退路。然而这样做的结果，往往可能使得我们乐极生悲，会给我们带来不好的后果。

周晓是公司的老员工，由于他业务能力比较出众，经理很看好他，有意将他提拔为主管。

有一天，周晓和同事发生了一些摩擦。本来双方互相退让一下也就过去了，但是周晓不但不接受对方的道歉，反而不依不饶，跟同事大吵了起来，把同事都凶哭了。

甚至在最后还语气强硬地说道："你给我记好了，从今以后咱俩就算结下仇了，我当上主管的时候就是你走人的时候！"

这一切都被经理看在了眼里，在最后的考核中，经理觉得周晓无法团结同事，于是提拔了另外一位员工。这下周晓傻了眼，由于之前与同事闹得太僵，自己又将大话说了出去，如今也只好选择辞职，离开了辛辛苦苦打拼了五年的公司。

在我们与对方发生争执的时候，无论我们多么着急上火，都应该对自己说

出去的话负责。一定不能说得太绝，要给对方留下退路。

在我们得势时，对手心情肯定不会很好，这个时候我们再把话说得太绝，不留一丝余地，只会让对手对我们恨之入骨，时刻想着报这一箭之仇。

在《周易》中有这样一句话：物极必反，否极泰来。就是说，行不可至极处，至极则无路可续行；言不可称绝对，称绝对则无理可续言。聪明的人，从来不会将说绝话，一旦说出过于绝对的话，也就意味着我们不给对手留后路，同时也就断绝了自己的后路。

世事难料，如果发生一些于己不利的事情，对方保不齐就会怀着之前对我们的恼怒，抓住时机对我们进行报复，那么彼此间也就很难再有挽回的机会了。

况且，没有人会喜欢咄咄逼人的人。如果我们在得势时说话就咄咄逼人，会让周围的人，例如同事、客户、领导等等，觉得我们不是有风度的人。

王振的公司新开不久，却遭到同行的一家公司打压。

后来在王振的公司刚有点起色的时候，同行却因为资金链断裂而几近崩盘。一时间很多人向王振提出趁火打劫的提议，让王振就此收购同行的部分产业。

王振却摇摇头，说道："这次对方的公司因为内部原因发生了动荡，确实很不幸。但是这却不代表对方没有能力，我相信凭借他的能力，公司东山再起也是指日可待的事情。"

同行听到王振的评价，心里也是一阵愧疚。后来，他果然东山再起，但此后再也没有针对王振公司的行为，甚至在王振的公司几次出现问题的时候，都伸出了援助之手。

所谓"人情留一线，日后好相见"，我们需要为自己说过的每一句话负责。或许说一些"狠话"能够让我们得到一时的爽快，但是却为日后的相处埋下了祸根。话不说绝，给对方留有余地，这也是给我们自己留下退路。

当我们胜券在握时，不要对对方说一些咄咄逼人的话，反而要在言语之间表达出关怀和安慰。这样，不仅对手会对我们心存感激，周围的人也会因为我们的善意的言行对我们产生善良大度的印象。

那么我们应该怎么避免将话说绝，不给自己留下退路呢？

首先，不说嘲笑戏弄的话。平时朋友之间开玩笑时可能会说一些嘲笑戏弄的话，是为了调节气氛，但在对方失意的时候，这一类的话会严重伤害他们的自尊心。比如，我们明明知道对方是因为胖才失恋的，却跟对方开玩笑说“你想多了，你这么胖怎么可能有人喜欢你”，这样对方就完全不会当作玩笑来听，甚至会因为这句话从心里埋怨我们，等到我们遇到困难了对方也会袖手旁观。

其次，不要否定对手的能力。在对方失意的时候，我们再上前去否定对方的能力，会让对手陷入非常窘迫的境地。对方没法反驳，只有在心里预谋着怎么将我们踩在脚下来证明自己，所以，类似“不自量力”的话，我们千万不要说，以免被对方怀恨在心，日后报复我们。

最后，多给对方鼓励和安慰。就算我们无意间，说了什么难听的话，也可以通过我们真诚的鼓励和安慰来让对手减少对我们的仇恨感。当对方进入低谷，有时候一句诚心的祝福就能够让对方“感恩戴德”。我们在对方最需要帮助的时候对对方鼓励，日后我们自己遇到了困难对方自然也会出手相助。

在我们与他人相处的时候，不把话说绝，除了自己多了条后路，还能获得周围人的好感。此外在安慰鼓励对手的时候，我们很可能和对手还能成为朋友，一起进步成长，这是双赢的事情。

2. 面对请求，有把握也别急着答应

我们在日常生活中，总是会面临对方的请求，有些请求我们能够轻易完成，而有些请求却远超我们的能力。

一看到请求简单就满口答应，却不知这种行为很可能为我们带来麻烦，甚

至会影响到彼此之间的感情。

王迪是公司的人事主管，某天聊天的时候朋友言及自己想要到他的公司上班。

王迪也没有细想，直道一声简单，之后便通过自己的权利为朋友谋得一份仓库管理的工作。

本来一切相安无事，却不想朋友完全无法胜任这份工作。他不仅在登记货物的时候出现差错，还丢失一批急需交接的货物。

领导为此怪罪起了王迪，他与朋友双双失去工作，之后两人的关系也渐渐恶化。

我们常说"助人为乐"，但却不是什么请求都应该答应。我们在答应对方请求之前，应该给自己留下足够的时间思考，确认我们的确有能力办到对方请求，考虑可能会发生的意外，确认对方的请求是否对我们产生影响，最重要的是一定要确认对方的请求不涉及违法乱纪的行为。只有这样才能够保证我们在答应对方请求以后，不会对双方的关系产生影响。

朱丰潇是一名医生，一次朋友孩子不舒服，请他给开一副药。

但是他看到孩子的状态后不敢确定病情，也就没有答应朋友，只是提议朋友先带孩子到医院检查一下再说。

朱丰潇为此积极为孩子联系医院妇幼科的主治大夫，说服对方亲自为孩子做了个全身检查，结果没想到还真给孩子查出了病状，有效遏制了病情恶化。

为此朋友多次对朱丰潇表示感谢，两家的关系也变得越发亲密。

面对他人的请求，我们可以不答应，但答应了却一定要完成，但是我们谁又能够保障在执行的过程中不会发生意外呢？所以在面对对方请求的时候，我们就算是有把握也别急着答应，给自己留下足够的时间去思考、辨别。

那么面对他人请求的时候，我们为什么有把握也别急着答应呢?

首先，量力而行，确认自己的能力，避免在他人激将下做出错误的判断。我们常常说“答应别人的事情，就一定要拼尽全力去完成”，抛开这句话的局限性，其实也是一种对我们诚信的要求。做不到的可以不答应，答应了就一定做到，这恐怕是现在我们大多数人交友的一条准则，在这种情况下，先别急着答应对方的请求就显得尤为重要。知人难，知己更难，我们对于自己的能力很难做出正确的判断，如果对方在请求我们的时候，运用了类似于“激将法”的方法对我们进行刺激，那么我们情绪激动下很可能做出不智的选择。而这种情况下，先别急着答应对方的请求，便可以给我们腾出来思考的时间，确认自己到底有多少能力，再来决定是否答应对方的请求。

其次，避免意外，确认自己能够完成对方的请求。墨菲定律说“任何事都没有表面看起来那么简单”，或许对方的请求听上去非常简单，但我们在实际操作的时候却可能会发生意外，使自己面临巨大的风险。所以哪怕对方的请求再简单，我们也别急着答应，给自己留下足够的时间去了解事情的实际情况，以及寻找事情可能会发生的意外。只有对整个事件做到了然于胸，我们在做的时候才能够事半功倍。这会让我们更容易完成对方的请求，进而给对方留下守信可靠的印象。

再次，抬高自己的身价，避免对方无休止提出请求。或许我们其中很多人不愿意承认，但是与他人相处确实存在某些技巧。单拿面对他人请求一事来说，有些人出钱出力，费尽心力找关系，最后却遭到埋怨；而有人只是动动嘴，跑跑腿，为双方牵线搭桥却得到双方的赞扬。这其实就是因为我们掌握方法，没有给自己一个正确的定位。所以我们在答应对方力所能及的请求时，不妨表现出来为难，甚至向后拖延时间。一来抬高自己的身价，表现自己为了帮助对方心力交瘁；二来在事情发生意外没有办成的时候，也能给自己留下一条退路，不至于让双方过于难堪。

最后，考虑对方请求的合理性，确保我们的行为是否正大光明。虽说“帮助他人是快乐之本”，但这却需要看对方提出的是什么请求。有时候我们面对的请求毫无根据，不仅会伤害到自己的利益，影响到自己正常生活工作，甚至还有一些请求干脆就是非法乱纪，会扰乱正常的社会秩序。面对这些请求的时候，我们一定要三思而后行，如果只是自己蒙受损失，我们还可以看在交情的分上咬牙答应。如果已经达到了违法乱纪的地步，那么一定要坚决抵抗，不要让自己卷入不必要的是非之中。

面对请求，有把握也别急着答应，给自己留下足够的时间思考，才能保障自己的利益不会受到损害，这也是维持双方交情的必要保障。

3. 开弓没有回头箭，尺度的把握极其重要

所谓“开弓没有回头箭”，我们说出去的话，就如同泼出去的水一般，没有收回的余地。就算我们有时候为自己说的话道歉，但所造成的影响却无法消除。所以在对待需要自己负责任的话时，尺度的把握就显得尤为重要。

宋清是某个小说网站的签约作家。

一次在作家聚会上，宋清等人本是随意闲聊，却不知怎么聊到了主编身上。

宋清本来就对这个主编有些意见，他借着酒劲忍不住吐槽起来，甚至还说了一些讽刺网站的话。

后来宋清渐渐有了名气，主编本来十分看好宋清，准备重点推举他的新书。但也不知道怎么当时宋清说的话传了出来，主编听后对他产生了意见，于是放弃他选择推举了别的作家，连带着两人的关系也开始恶化。

我们常说“为自己说出去的话负责”，其实也就是这个意思，我们在说话的时候，如果不能够把握好其中的尺度，就可能会让他人产生意见，甚至被有心

人利用，对我们造成不利的影响，最终也会影响到彼此的关系。

所以我们对待自己需要负责任的话要慎之又慎，对于尺度的把握更是显得重要，只有把握好说话的尺度，我们才能够尽最大可能避免自己说出去的话，日后会被他人利用，最终成为害人害己的“工具”。

白书竹在参加公司同事私下聚会时，被几个私交不错的同事拉去聊天。

聊着聊着，话题就转移到了自己主管身上，几个同事一起在吐槽主管的种种缺点。

白书竹却觉得这样做不太好，还容易被人抓住把柄，于是便先行告辞，没有加入讨论。

后来大家的谈话内容不知怎么传入了主管耳里，几个同事都遭到了主管的针对，唯独白书竹安然无恙。

我们常说“一句话能成事，一句话也能坏事”，这其中最重要的就是说话尺度的把握，如果我们能够控制住自己的嘴巴，把握住说话的尺度，就能够有效避免语言出现漏洞，自然也就避免这些漏洞日后为他人所利用，成为伤害自己的工具。

那么我们在说需要自己负责任的话时，如何做才能把握好其中的尺度呢？

首先树立正确的是非观念。或许每个人的三观都存在一定的差异，但是这却不是我们恶意扭曲是非观念，逃避自己说话责任的理由。就如同“暴走漫画”的王尼玛一般，他认为自己侮辱英烈的话只是一句玩笑话，是遭到网友的恶意曲解。但其实不然，他在“开玩笑”的时候忽视了基本的是非观念，没有想到会带来怎样的后果，没能够把握其中的尺度，而最终造成的结果也唯有自作自受。所以不管我们持有怎样的思想，拥有怎样的三观，都要树立正确的是非观念，只有这样我们才能够准确把握说话的尺度。

其次明确自己说出去话的意义，敢于为自己的话承担责任。我们很多人在说话的时候之所以无法掌握其中的尺度，其根本原因是我们没有对自己说出去的话保持足够重视，没有做到为自己说出去的话负责。试想一下，没有学生会在老师面前开自己作弊的玩笑，也没有犯罪分子会在警察局门口讨论分赃的事宜，这其实都是因为他们知道自己语言的“分量”，不敢胡乱开口罢了。

再次学会分辨说话的场合，考虑他人的感受。我们说出去同样的话，在不同的场合，不同的情景，都会造成不同的意义，这时候我们需要掌握的尺度也就也会随之产生变化。如果我们对待自己语言的标准一成不变，就会使得我们在与他人交往的时候处处受限，甚至还会因此而得罪他人。所以我们要学会体谅他人的心情，考虑他人的感受，在不同的场合对自己的语言做好调整，这样我们才能够准确把握其中的尺度。

最后注意自己的表达方式，保证自己的语气平易近人。我们都经历过类似的场景：同样一句“呵呵”，我们听不同的人说，能够感受到不同的意味，这其实就是表达方式与说话语气的差异所造成的。所以我们在对待自己需要负责任的话时，一定要确保自己的语气，让自己的表达方式能够与自己想要达到的效果保持一致，这样至少我们能够保证我们说出去的话不会被他人误会，从而避免造成一些不必要的麻烦。

需要我们为之负责的话，往往都会带来深远影响，在说话的时候正确地把握好其中的尺度，才能够给我们足够留下足够的周旋余地，才都让我们的人际交往更加顺利。

4. 在你没弄清楚是非曲直之前，永远不要信口开河

我们在评价一件事物的时候，总是会带上自己的主观印象，而这种主观印象往往是片面的，这也导致了我们的评价往往不够准确。

有人会说这种不准确的评价或许不会给我们带来什么不利的影响，所以我

们也不需要太过在意。但其实不然，在与他人交流的时候如果不注意自己的言辞，在还没有弄清楚是非曲直之前，肆意信口开河的话，不仅会严重影响到彼此之间的交往，甚至还会对自己日后维护人际关系产生深远的负面影响。

王维嘉的父母腿脚不是很方便，于是常常会让王维嘉代替他们去拜访过去的一些邻居。

某次王维嘉到一位长辈家时，家中只有长辈与其儿媳妇两人，王维嘉不知道该聊些什么，便随口称赞了一句"您儿媳妇真漂亮"，谁知对方不但不领情，还拉下脸来。

场面一度有些尴尬，后来王维嘉出门的时候，想起儿媳妇一直在旁端茶倒水、洗衣做饭，却又故意摆出一副羡慕的表情，对老人说："您儿媳妇真贤惠，能娶到这样的儿媳妇，您老就等着享福吧。"

谁知长辈听到这话顿时奓毛，也不管王维嘉，黑着一张脸回里屋去了。

王维嘉回到家中，向父母说起这事。他不停抱怨这位长辈好难交流，却没想到遭到父母的批评。原来这位长辈家的儿子、儿媳正在闹离婚，王维嘉不停夸奖对方儿媳在对方眼里就如同挑衅一般。

我们都知道《饥饿的苏丹》的作者凯文·卡特因为无法忍受争议而选择自杀。这幅作品自获得普利策新闻奖以来便一直伴随着争议，其中新闻的真实性与人性的争辩更是一直持续到现在。而我们看到这幅照片的时候，却很少有人知道凯文·卡特也是个普通人，他虽然救不了非洲的难民，却确实赶走了秃鹫。

在生活中就是如此，我们看到的事物都具有一定的片面性，对待很多事情都很难完全认清其中的真相。所以在没有弄清楚是非曲直之前，一定要谨言慎行。有时候保持沉默，也要远远好于随意信口开河。

王霏霏是一位新闻记者，有一次她接到读者发来的投稿，其中包含大量女子用钝器击杀宠物的照片。

这时候虐待宠物正是个焦点话题，只要将这组图片发出去，就算是不配文字王霏霏也能够轻松得到领导的赏识。

但是王霏霏却并没有这样做，甚至她还向领导申请到这个地方进行实地采访，探查事实真相。

后来王霏霏多方走访终于找到了照片中的女子，询问之下才知道，对方是宠物医院的医生，被她击杀的都是被人遗弃的流浪宠物，本身带有大量的传染性病毒，已经无法救治，为了避免这些病毒传散出去，只能将其火化。王霏霏以此做出相关报道，维护了女子清誉。

后来王霏霏不但因此得到了提拔，她和宠物医生也顺利发展成为朋友。

我们过去学习美术课的时候，想要将一个物品画好，就需要对它进行全方位的观察，了解到物品的结构，甚至有时候我们还需要寻找相关对比。

那么在生活中就更是需要如此，不清楚事情的是非曲直，我们就没有资格随意信口开河，否则最终的结果也只有害人害己而已。

那么，我们怎么做，才能够避免自己在不清楚是非曲直的情况下，说出伤害他人的话呢？

首先控制好自己的情绪，防止自己在情绪激动下说出令自己日后后悔的话。我们很多信口开河的话，都是在情绪激动下说出口的。所以我们在看到一件事情的时候，一定要控制好自己的情绪，在自己情绪上头的时候，有必要在自己心中默数三秒，三秒的时间足够自己在心中反问自己看到的是否是事实真相。这样我们就能避免很多在情绪激动下，没有去了解事情的是非曲直，便肆意信口开河的局面。

其次我们要看到事物的多面性，全方位了解事情的真相。我们每个人看待问题的角度都会有所差异，这也就导致了我们看待事物大多也都是不全面的。其实这也算是人之常情，但是在我们要想对此做出发言的时候，就一定要去全面了解到事情的细节。否则我们就很容易因为自己的信口开河损害到他人的声誉，自己也不得不为此承担责任。

最后做到谨言慎行，就算是了解了事情真相，也不随意进行评判。想要避免在了解事情是非曲直的情况下信口开河，做好的办法自然是保持沉默。在不了解事实真相的情况下，我们自然没有资格随意评判；但是在我们了解了事情的是非曲直之后，我们就会发现对方所承受的分量，我们不在其中，自然也无法说出相应的评判。保持沉默，也就意味着我们少说少错，每个人都有自己所必须经历的事情，我们又何必用自己的眼光去评判他人。

事情的真相永远都是错综复杂的，我们不知道自己所看到的这一面究竟是不是它的全部，所以在没有完全了解到其中的是非曲直之前，便不要随意去信口开河。

5. 莫逞一时口头之快

在我们日常生活中，与人交往不免会发生一些小误会或者意外，这本是再正常不过的事情，大多数情况下我们也能够做到“一笑泯恩仇”，将这些不愉快抛之脑后。

但是我们常常会遇到这样一种现象，本是一件鸡毛蒜皮的小事，争吵双方却只图一时口头之快，说话带有情绪，伤害到对方自尊心，从而导致双方你来我往，大打口水仗，将小事变成了大事，最终酿成大祸。

杜旺乐的朋友失业了，跑到他这里大吐苦水。

杜旺乐听后觉得这是因为朋友要求太高，便劝朋友：“我觉得你可以把眼光放低点，先养活自己再去考虑发展的事情。”

朋友听后却轻声叹气：“你不懂，咱俩的处境不太一样。”

杜旺乐听后却有点不太高兴，张口便道：“我不懂？那你这个连工作都没有的就懂了？”

话一出口，杜旺乐就有些后悔，暗骂自己只图一时口头之快，忘记了朋友的处境。杜旺乐想要道歉，但看着朋友慢慢变黑的脸却张不开口，朋友稍坐片刻后也就起身离开，走的时候也没有多说什么，只是两人之后的往来却慢慢变少，后来完全断绝了联系。

逞一时口头之快，这个“快”虽然是一时的，但造成的影响却非常深远。有时候就是因为我们只图这个短暂的“快”，而剪断了一段长远的关系，甚至有时候还会因此使得双方反目成仇，对自己的生活工作造成影响。

简自凡为人低调，不喜欢做无谓口舌之争。

一次与同事产生意见分歧，同事在情绪激动下说了简自凡的坏话。

简自凡心中自然很不高兴，但他没有出言反驳，而是耐心听同事发表完意见，之后调整好自己的心态，心平气和地表诉了自己的看法。

同事在说出简自凡坏话之后就有些后悔，后来见简自凡不仅没有生气，还继续与他探讨工作，这使他更加愧疚。他继续与简自凡讨论起来，情绪也渐渐稳定下来。

后来两人不仅在工作上达成了共识，一起合作完成了公司很多重要的工作，在生活中也成了要好的朋友。

遇到问题，逞一时口头之快不仅对我们解决问题没有丝毫帮助，还会加剧事态恶化，激化彼此矛盾，使得双方更加难以达成共识。有时候我们放弃逞一时口头之快的想法，谁不定事情就会迎来新的转机。

那么我们如何做才能够避免自己在图一时口头之快下说出伤害他人的话呢？

首先要学会控制自己的情绪。我们都是在情绪激动下说出口的，甚至很多情况下我们只是说顺了嘴，往往话一出口我们就已经后悔。但是事情的发展往往会出乎我们的意料，那些只图一时口快的话还没有来得及收回，却已经造成了不可估量的损失。所以我们一定要控制好自己的情绪，至少要避开自己情绪激动的时候，这样就可以有效地避免我们在情绪的推动下，只图一时口快伤害到他人。

其次遇事多思考，说话之前在心中反复确认。所谓“三思而后行”，这个道理我们从小就懂，但是真正能够做到的却没有多少人。尤其是在彼此之间说话的时候，常常在话赶话之下，没经过思考就说出伤害他人的话。所以我们遇到事情的时候应该多进行思考，说话之前要反复在自己心中确认。

再次学会谨言慎行，注意说话的用词，了解对方的忌讳。在平日生活中，因为说话的时候用词不当或是用词犯忌讳而得罪人的事情并不少见。在生活中光是用词的讲究就有很多，什么场合该说什么样的话，什么场合应该避免哪些话，对待不同的人又该说什么样的话，这些都需要我们去学习、了解。对此最好的办法就是多听，多看，多学，少说，只有这样我们才会更容易从他人身上吸取教训，避免之后自己只图一时口头痛快下说出得罪人的话。

同时，我们还要尽量避免他人的忌讳。所谓“龙之逆鳞，触之必死”，我们每个人都有属于自己的“逆鳞”，就像我们常常看到一些脾气很好的老实人，却因为他人的一句话而奓毛。这种“逆鳞”或者是每个人心中的净土，不允许任何人侮辱；或者是心中的伤疤，不希望他人提及。所以我们在与他人交流之前，要先了解对方有哪些忌讳，在交流的时候尽量避开这个方向，避免自己只图一时口头之快触及对方的忌讳，影响彼此的关系。

最后我们要注意认真倾听他人说话，适当保持沉默。我们大多数只图一时口头之快而说出伤害他人的话，都是在双方争吵的时候说出口的，甚至我们出口的那一刹那大脑都没有来得及做出反应。或许事后我们会后悔，会道歉，但是我们语言的伤害却无法弥补，甚至会让双方日后的交往产生隔阂。所以我们在张口说话之前一定要注意倾听对方说的话，认真思考更好的选择，甚至有时候我们保持沉默都要好过只图一时口头之快下恶语伤人。

凡事三思而后行，说话自然也是如此，在确定不会伤害他人之前，切莫逞一时口头之快，说出令自己后悔的话，影响到彼此的关系。

6. 别人咨询意见时，有时要委婉表态

在我们日常生活中，总是遇到有人向我们咨询意见，这时候如果我们趾高气扬地直接提出自己的意见，往往会损伤到对方的颜面，会使得对方感到难堪，甚至有时候对方不但不领情，还会因此而憎恨我们。

柳子浪是公司的老员工，拥有非常丰富的经验。

有次公司来了一个大学实习生，什么都不懂，向柳子浪请教工作经验。

柳子浪张口就来一句："这都不懂，你这大学是咋考上的？" 随后开始向实习生传授经验。

实习生虽然因为柳子浪的话感到生气，但是却没有表现出来，认认真真地听从柳子浪的教导。

但是柳子浪可能是因为虚荣心暴涨，在说完之后加了一句"你要学的东西还多着呢"，实习生一下子奓了毛。

后来实习生再也没有向柳子浪请教过问题，甚至两人的关系渐渐恶化，直到实习生晋升为主管，柳子浪觉得在公司感到难堪，便主动辞职离开了公司。

对方主动向我们咨询问题，有时候并不是因为我们的才学有多么高，而是因为对方信任我们，这也是一种变相的赞扬。既然如此，我们不妨投桃报李，给对方留些颜面，委婉地提出自己的意见，这样也才能让彼此关系维持得更加久远。

曹帅的朋友因为工作问题十分苦恼，周末的时候来找曹帅闲聊舒心，顺便询问曹帅的看法。

其实曹帅也知道朋友已经有了主见，只是希望听到自己的支持而已，为此曹帅也很乐意满足朋友，说出的观点也与朋友如出一辙，只是中间会掺杂一些自己的看法。

朋友听到曹帅的话后，陷入了思考之中。他慢慢也明白了曹帅的意思，参考了部分曹帅的看法。

经过这件事情之后，朋友遇到事情总喜欢与曹帅交流。

那么在别人向我们咨询意见的时候，我们怎么做才能够有效且委婉地表态呢？

首先，表达自己的意见要隐晦，注意维护对方的颜面。对方向我们咨询意见的时候，如果我们直接说教往往会让对方感到难堪，甚至有可能会使得对方恼羞成怒。所以这时候我们表达自己的意见要尽量隐晦，注意维护对方的颜面。比如在提出意见的时候加上一句“指教不敢当，不过是有些粗鄙的见解，说错了也希望你不要介意”，这样既可以提出自己的意见，又不至于伤及对方的颜面。同时，如果彼此的意见发生冲突时，也不要与对方争辩，毕竟我们只是提议，而选择权在对方手里，我们只要隐晦地点出自己意见，剩下的事情都交给对方去做决定就好。

其次，学会避重就轻，真话反说，不去触及对方的“霉头”，引导对方思考。其实有时候对方向我们咨询意见，并不是想从我们这里得到什么建议，而是对方心中已经有了答案，只是想要得到我们的支持。所以我们在回答对方咨询的时候，要注意避重就轻，避免触及对方的“霉头”。可以尝试在回答对方之前先询问对方的看法，然后再用商量的语气提出自己意见，并询问对方对我们意见的看法。这样我们既可以避免双方意见产生冲突，还能够引起对方对于我们意见的思考。

再次，避免过度表现自己，谦逊一些，多赞扬对方。我们很多人都容易陷入一个误区，就是对方在向我们咨询的时候，我们会不自觉地感到高人一等，说话的语气会亦会变得居高临下，甚至会将这一过程视为展示自我的机会。虽说指点他人很容易满足我们的虚荣心，但是这样做却很容易引起对方的反感。对方向我们咨询，有时候并不是因为我们有多么睿智，而是因为我们的才学或者人品得到对方的信任。这时候我们应该表现的谦逊一些，同时多多赞扬对方，这样就算对方无法听取我们接下来提出的意见，至少也不会使得双方的关系得到恶化。

最后，多说好话，说对方想听的话。在《鹿鼎记》中，韦小宝最常说的一句话便是“花花轿子人人抬”，而他也确实凭借着这句话在江湖上左右逢源，和各方势力都保持着良好的关系。好话谁不爱听，对方向我们咨询意见，其实是在变相夸赞我们的能力，这时候我们不妨也说些“好话”，将自己的意见穿插在这些对方爱听的话里，这样对方会更容易听取我们的意见。

7. 不轻易承诺自己做不到的事

生活中经常会遇到这样一种人，在我们请求对方帮忙或是希望对方与我们一起做某件事情的时候，对方当时满口答应，结果事到临头对方却做不到，白白耽误了我们的时间与精力，甚至有时候还会耽误正事。

舒清方是个比较好面子的人，对于他人提出的请求，他一般不会拒绝。

有一次朋友远道而来，希望舒清方帮忙联系本地零售商，商谈销售产品的事情，舒清方对此满口答应。

但是舒清方根本就没有经商的朋友，他与不知道如何与本地零售商拉上关系。

日子一天天推移，转眼到了约定的时间，舒清方对此还是没有任何眉目，只能如实告知朋友。朋友对此非常生气，二话不说直接离开。

后来舒清方才知道，朋友十分信任他，已经做好业务扩展的准备，没想到他这里根本做不到，白白浪费大量金钱、精力不说，还让朋友在公司的威严受到挑战。

舒清方为此感到愧疚，一直想要找机会向朋友道歉，但是朋友却根本不想见他，并且直言要与他断绝联系。

其实在很多时候，轻易承诺对方自己做不到的事情，比直接拒绝对方更加让人厌恶。这就好比先把对方捧上高峰，然后又轻易放手任由对方摔落。

所以对于那些我们做不到的事情一定不要轻易许诺，有时候就算是直接拒绝也要比此要好上太多。

朱世娴和男友在大学便开始交往，两人关系一直很好。

毕业后男友提议让朱世娴能够跟着自己到大城市发展，朱世娴也比较心动，她也希望能够和男友朝夕相处。

但是她却没有直接答应，因为这还涉及家庭等各方面的原因，自己也不好立即做决定，便说让自己思考思考。

朱世娴先是询问了家里的意见，然后又思考了一下未来的发展，最终还是拒绝了男友。男友对此也没有多说什么，只是表示他尊重朱世娴的选择。

后来两人虽然成为异地恋，但是两人的关系却越来越紧密。年前两人终于修成正果，举办了一场热闹的婚礼。

我们常说“自己做出的选择，含着泪也要完成”，但是我们的承诺，却有很多是哭出血来也完不成的。对于这些我们无论如何也做不到的请求，应该果断地拒绝，这样才能够避免日后完不成承诺的尴尬局面，也是彼此关系长远发展的必要保障。

那么我们怎么做才能够有效地避免自己承诺完不成的事情呢？

首先要避免盲目自信，对自己的能力有个清晰的认知。我们在日常生活中，有很多时候随意承诺对方完不成的请求，完全是因为我们对于自己的能力没有足够的认识。仔细回忆一下，那些我们没有完成的承诺，恰恰是那些我们擅长的事情。其实这就是我们对于自己的能力没有足够的认知，对方请求我们不擅长的事情时，我们都会直言拒绝，因为我们知道我们没有这个能力；而当对方请求的事情正好在我们擅长的区域，我们就会认为这件事情我们能够完成，从而轻易答应，最终却会搞砸。所以我们应该对于自己的能力做出一定的评估，这样在对方请求我们帮忙的时候，我们才能够准确地意识到这件事情我们是否有能力去完成。

其次学会放下自己的面子，避免因为好面子而信口答应自己完不成的请求。如果我们承诺了对方，最终却没有完成，这比在开始的时候直接拒绝还要“丢面子”。所以我们应该调整好心态，这些无谓的“面子”就不必再去争取，以一颗平和的心态去思考自己是否真的能够完成。承诺了对方，然后顺利地完成，这才是一件真正“长脸”的事情。

最后对于他人的请求做出充足的思考，计算执行过程中可能存在的意外。有时候我们在承诺对方之时，并没有思考太多，只是觉得自己能够做到便答应了，完全没有考虑过其中的困难以及可能发生的意外。而这也恰恰正是我们只有完不成承诺的重要原因。对方既然请求我们帮忙，那么我们就要秉承着为对方负责的态度，在承诺对方之前，就应该先将事情的方方面面都考虑周全，确保自己能够顺利完成承诺。而且，我们若无法保证一定能够完成自己的承诺，就应该第一时间与对方说明，让对方事先做好准备。

总而言之，对方请求我们帮忙，我们答应了就必须对对方负责。如果我们无法确保一定能够完成，那么在开始的时候就不要随意承诺。

第五章 批评的话，掌握好分寸地说

1. 暗示法批评，避免正面冲突

“我是为了你好才会批评你，你怎么不领情！”生活中，我们常常会听到这样的话。

而我们也总是会抱着这种“为你好”的心态去批评别人，但结果恰恰不能够如我们所愿。

很多时候，我们对对方进行了批评，本是希望对方能够有更大的进步，却不想对方反而会恼羞成怒，甚至与我们发生正面冲突，这就有些得不偿失。

莫振炎与朋友一起组建了一个团队，有次他们一起接下一个任务，后因朋友个人原因导致任务没有完成，白白浪费大量金钱精力。

对此莫振炎非常生气，直接召集团队所有成员开会。在会上他对朋友做出了严厉的批评。

朋友对此有些恼怒，忍不住在会议上与他争辩起来。

两人越吵越凶，争吵的内容开始脱离这次错误，甚至点燃了过去所有的矛盾。

两人好不容易被劝解开来，但是却互相看对方不顺眼，最终朋友选择带着一批人离开团队，好好的团队就此分崩离析。

试想一下，在日常生活中，无论是来自家长、老师、领导的批评，还是来自朋友、同事的批评，我们都会心生抵触，甚至会硬着脖子反驳对方。

事实就是如此，大多数人都不愿意接受批评，更不愿意承认自己的错误。当我们直言对方错误，对对方进行批评的时候，无疑会触及对方防御机制，但是我们若轻易放过对方的错误又会心有不甘。那么这时候不妨使用暗示法对对方进行批评。

何晓萌毕业后成立了一个设计公司，主要就是按照客户的要求做出合格的设计产品。

一次有位下属将客户的要求改得面目全非，还美其名曰这是艺术。

何晓萌知道后将这个员工叫到办公室，她没有直接对他进行批评，只是默默讲起了自己的故事。“我过去一直也在追求艺术，后来发现我设计的艺术品没有任何的使用价值，甚至有些客户直言‘当摆设都嫌占地方’，后来我就创立了这个公司，希望能够设计出既实用又有艺术感的作品。”

员工听后当即明白了何晓萌的意思，表示以后一定会多注意客户的需求。

批评他人是一种学问，会批评的人能够让对方心悦诚服地接受，不会批评的人只会让双方的矛盾激化。而运用暗示的方法批评对方，无疑是其中既简单又实用的方式。

那么我们应该如何运用暗示法批评他人，避免双方正面冲突呢？

首先我们借助第三人之口，让对方意识到错误。这种方式其实很常见，仔细回想一下，小时候我们犯了错误的时候，父母常常会运用故事或者他人的事迹来引导我们，让我们自己意识到错误，其实这就是一种借助第三人之口的暗示法。我们在运用的时候首要注意的就是隐蔽性，大大咧咧地站到对方面前举例说明错误，这和直接当面批评对方没有太大的差别。所以我们应该将大量的精力放在我们所借用的“第三者”身上，在故事中间不经意地点明对方的错误，让对方反应过来即可，不必做多余的举动，以免引起对方的反感。

其次示范正确的方式。我们都不愿意接受自己的不足，自然也不愿意接受他人的批评。那么我们在用暗示法批评他人的时候，就要维护对方，避开对方的缺点。所以我们可以将思维进行转换，将问题的重点从对方的错误转换到自己的正确上来。我们可以给对方做出一些错误的示范，然后让对方自己做出对比，让对方自己意识到错误，从而改正，这也就有效避免了对方因为恼羞成怒而与我们产生正面冲突。

最后点明错误带来的后果，却不去直接批评。我们每个人都会犯错，但却没有一个人会希望自己的错误被一直抓着不放，所以我们在用暗示法批评他人的时候，也应该适当忽视掉对方的错误。我们在对方使用暗示法批评的时候，可以选择言明对方行为所带来的后果，却不去对对方进行批评，给对方留下足够的时间，让对方自己思考领悟。

批评他人是一门需要不停钻研的学问，但也没有我们想象中的那么难。只要我们能够合理运用暗示法批评他人，就能够有效避免正面冲突。

2. 批评要晓之以理，更需动之以情

在我们日常生活中，批评的场景数不胜数，而晓之以理，用道理来让对方意识到错误，无疑很睿智。

然而，忽视动之以情，只想着晓之以理，容易让对方对我们所讲的“道理”产生疲倦，对我们的话感到麻木，从而拒绝接受我们的批评。

朱谷青毕业后听从家里的安排进入了事业单位，但他干了一段时间感到乏味，想要放弃稳定的工作去追求理想。

朱谷青的父母得知后，狠狠地批评了他，给他讲很多大道理，言明事业单位的好处。

开始的时候朱谷青还能够接受父母的批评，表示愿意暂时放下自己的想法，

好好思考一下未来。

父母见他还是不肯放弃，便一天二十四小时在他耳边讲道理，甚至连同很多亲戚对他进行批评。

终于朱谷青对于父母的批评感到了厌烦，毅然决然地选择辞职北漂。

批评他人的时候需要晓之以理，这本身并没有错，不讲道理的批评那就属于无理取闹的范围。但是我们光讲道理却又容易引起对方的反感，毕竟道理反反复复只有那么几句，听多了容易产生逆反心理。

所以我们在批评对方的时候，不仅需要晓之以理，有时候更需要动之以情，用我们的情感去打动对方，让对方更容易接受我们的批评。

某个小学想要扩建，但是当年的教师家属院却占了大量的土地，大多数人都同意拆迁，一位退休老教师却死活不同意。很多过去的校方领导对他进行批评教育，他丝毫不退让。

就在大家束手无策的时候，一位曾经是老教师学生的年轻教师主动请缨去说服对方。

年轻教师来到老教师家中，先是正义词严地批评了老教师的思想，见老教师不为所动，紧接着话锋一转："老师，我知道您舍不得离开这里，也知道您对学校留有感情，当年您吃糠咽菜，甚至不拿工资也要留下教学，不就是希望每一个孩子都能够读书吗？"

年轻教师见对方没有回答，便接着说："现在咱们生活水平好了，教师资源也变多了，但是咱们的学校真的是太小了，难道您现在的觉悟还比不上过去吗？"

老教师听后，不禁有些动容，之后年轻教师又说了一些批评的话，但句句不离孩子与学校，最终也正是这份情感，让老教师同意了拆迁。

其实我们每个人都有柔弱的一面，我们批评对方的时候与其引经据典地讲大道理，都不如一句说到对方心坎的人情话管用。

那么我们在批评对方的时候，如何才能做到晓之以理，动之以情呢？

首先，了解对方的内心诉求，将批评的话说到对方心坎里。我们很多时候不愿意接受对方的批评，就是因为对方的批评对于我们来说不痛不痒，不能够真正从我们内心深处打动自己。所以我们在批评对方的时候，一定要知道对方心里到底是怎么想的。比如对方明明想要找个男朋友，我们却批评对方“这么做就会丢掉工作”，对方可能会强硬地来一句“大不了换工作”，导致我们接下来连批评的话都说不出口。

其次，批评的时候要学会合理运用人情，有时候通篇大道理还不如一句人情话管用。我们虽然常说“有理走遍天下”，但这句话在批评对方的时候却并不是特别适用。对方做错了，我们批评对方，其根本目的是想要对方做好，而不是激化双方的矛盾。所以我们在批评对方的时候，不妨以双方的交情为纽带，多说一些人情话，这样即便是对方最后没有能够听从我们的批评、改正错误，至少也不会让双方为此产生矛盾。

最后，一定要注意自己的态度，不可太过强硬。太强硬就会让我们的语言失去说服力。我们可以尝试将自己摆放在相对较低的位置上，只因借用人情去批评对方的时候能降低对方的戒备，更容易打动对方。

批评的方法有很多，有时候单单是晓之以理却远远不够，适当的动之以情，不仅能够缓和双方之间的气氛，更能够让对方容易接受我们的批评。

3.先肯定后批评，不要让批评成为负面力量

在对别人进行肯定或否定、奖励或惩罚时，先肯定后否定最容易给人好感；相反，先否定后肯定，则给人的感觉最不好。我们把这种心理规律，叫作“欲

抑先扬定律”。

钟子曾是公司的主管，负责公司的销售环节。

某次一位销售员因为没有注意到说话问题，引起客户的反感，因此公司失去一批客户群体。

钟子曾得知此事后，把销售员叫到办公室狠狠地批评了一顿，并让他在会议上做出检讨。

销售员开始的时候还感到比较愧疚，但是随着钟子曾的批评，渐渐有些委屈，甚至觉得钟子曾是在故意让他难堪，便有些记恨。

后来销售员处处与钟子曾作对，甚至对他的命令阳奉阴违，导致钟子曾在开展很多工作的时候都遭到阻力。

在我们日常生活中常常会说“忠言逆耳”，但这却是一个效率极低的方式。我们批评对方的时候，自然是希望对方能够改正错误，能够变得更加优秀，但是我们大多数人却根本不知道如何才能让对方接受我们的批评。一味抱着“忠言逆耳”的思想，只能够指望对方能够大度地听取“逆耳”的话。

但是我们所接触的大多数人都是与我们一样的普通人，并没有我们想象中的大度。不掌握批评的方法，直言批评对方，往往会使对方感到难堪，最终恼羞成怒，影响双方的关系。

所以我们在批评对方的时候不妨拐一个弯，先对对方进行赞扬，然后再去批评对方的缺点，这也是一个适用、有效的迂回之策。

美国第三十任总统约翰·卡尔文·柯立芝曾聘请了一位非常年轻漂亮的女秘书，但是这位秘书在工作中却经常出错。

一天清早，秘书走进办公室，柯立芝便对她说：“今天你穿的这身衣服可真漂亮，非常适合像你这样年轻美丽的小姐。”

这句话让秘书感到受宠若惊，柯立芝继续说道：“但是，你也不要骄傲，我相信，你之后的公文也能处理得和你本人一样漂亮。”

秘书马上明白了柯立芝的意思，从此以后，她在工作中便很少再出现错误。

批评是一面镜子，能够帮助我们发现并改正自身的错误，但有时候却也会刺激到彼此的神经，使双方关系恶化。所以我们在批评的时候，不妨采用先肯定再批评的方式，既可以给彼此之间留下缓和地带，又可以让对方听进我们的批评。

先肯定再批评这种方式，在具体实施的时候大体可以分为三个步骤。

首先便是前期的肯定阶段，这也是为我们之后的批评做好铺垫。这一步骤大体可以分为两种方法，最常用的就是对对方的直接表扬。这种方法最大的好处是简单实用，几乎人人都会，就算是嘴再笨的人，心中也会装着两句赞美他人的话。但是这种方法却属于易学难精，几乎人人都会赞美，但能够将赞美说到对方心坎里人的却只占据很少一部分，这不仅需要我们发自内心的祝福，还要注意说话的语气，甚至我们还要了解对方内心的真实诉求。只有将赞美的话说到对方心坎里，才能够为我们接下来批评打开一个良好的开端。

另外一种方法就是自我批评，对自己的贬低有时候也是一种变相对对方的赞美。优秀与否都需要衬托。我们将自己放低，自然就能够体现出对方的优点，这种方法比起直接赞美更加隐晦，会让对方认为我们是出自真心，更容易让对方接受。但是这种方法相对来说也比较难掌握，难就难在尺度，过度的贬低自己只会让对方看轻我们，但是不痛不弃的自我贬低，又很难衬托出对方的优点。其中具体的尺度，就需要针对具体的人和事做出具体的调整。

其次就是批评阶段，需要我们具体地指出对方的错误。很多人在犯错之后，其实并不知道自己错在哪里。所以我们在批评对方的时候，要学会用温和且诚恳态度指出对方的错误，并且抽出时间耐心听从对方的解释。我们批评对方自然是希望对方能够改正，能够变得更加优秀，如果对方听完我们的批评带着满身负能量离开，我们这次的批评就算是非常失败了，所以我们在批评的时候就需要照顾到对方的感受。

最后是善后阶段，这一阶段要重点表现出我们对于对方的重视。我们批评对方，想要对方变好，自然也有出于为对方考虑的心思，但是这种心思如果我们不说，对方可能永远也不会知道。所以我们在这场批评快要结束的时候，一定要说出我们对于对方的重视，维护对方的自尊心，避免对方对我们产生误会。

批评也要重视方法，采用先肯定再批评的方式，就能够有效地避免批评成为一种负面力量。

4. 切忌在盛怒之下让人丢面子

我们批评他人往往是因为对方不小心犯下的过错，或者自身存在的某些缺点，损害了我们的利益。在这个情况下，我们往往会勃然大怒，很难保持理智。这时，我们很难顾及言辞，很容易说出让对方颜面尽失的话。对方很可能恼羞成怒，最终与我们产生矛盾冲突。

朱殿伟的朋友来家中做客，结果因为妻子不小心说错了话，把朋友气得连饭也没吃就走了。

朱殿伟为此十分恼怒，当着家人的面大声对妻子嚷嚷道："你可真是成事不足，败事有余，你说话就不能注意点，你说你这张嘴得罪了多少人，我娶到你真是算倒了霉。"

妻子本来感到很愧疚，但是听到朱殿伟的批评的话觉得自己在家人面前丢了面子，便与朱殿伟产生争吵。

两人越吵越凶，家人怎么拦也拦不住，甚至后来矛盾激化到无法解决，都闹到快要离婚的地步。

俗话说“不蒸馒头争口气”，这反映出大多数人爱面子的心理。我们在对方不小心犯下过错，损害到自身利益，甚至影响到我们生活的时候，不可避免地会感到心中有股怒火，说话的时候也会带些气话。但是我们在批评对方的时候却一定不能让自己的怒火控制自己，更不能在盛怒之下让对方丢了面子，这样才有助于对方接受我们的批评。

白柏科是某个小公司的领导，一次员工操作失误，将电脑储存的大量资料误删，这让白柏科气得火冒三丈，恨不得当即对员工进行通报批评。

但是他却没有这样做，他先是将这件事情放到一边，积极寻求解决方案，然后在自己心情转好的时候，将这位员工单独叫到办公室。

白柏科在批评这位员工的时候，十分注意自己的语言，尽量顾全对方的面子，不让对方感受到难堪。

那位员工本就有些愧疚，见白柏科批评他的时候还顾及自己面子，心中更是过意不去。后来这位员工留在白柏科的公司一干就是五年，工作一直很认真仔细，再也没有犯过什么错误。

那么我们怎么做才能在盛怒之下批评他人也不让对方丢面子呢?

首先要学会控制自己的情绪。盛怒之下我们很难保持理智，批评对方的时候自然也就会很容易因为不注意说话方式而伤到对方面子，所以我们要学会控制自己的情绪。我们可以先将自己体内的怒火排出体外，让自己能够较为理性地去看待对方的错误，这样在批评对方的时候也能够更加客观。

其次积极寻找解决方案，转移怒火。对方做错了事情，为我们带来了损失，在盛怒的情况下我们很难能够控制好自己的情绪，这时候我们一味压制自己的情绪显然不是一个明智的选择。所谓“堵不如疏”，我们的情绪其实也是这样，既然我们无法控制自己的情绪，我们不妨将自己的怒火转移。比如我们可以安慰自己“发再大火也不能解决问题”，积极寻求解决方案。如果我们能够顺利解决麻烦，那么我们的怒火自然会平息下来。

再次批评对方的时候要顾及对方的面子，尽量避免公共场合。我们都知道，两个人吵架，围观者越多便会争吵得越凶，这是因为我们在人前的时候就会格外注重自己所谓的“面子”。我们可以对当事人进行私下批评，批评的时候避免人身攻击，用温和的语言让对方降低心理防线。

最后批评要对事不对人，防止自己情绪被再次点燃。我们都知道，一个人的情绪是很难把控的，可能上一秒还和和气气，下一秒就会大打出手，所以我们在批评对方的时候，就要注意对事不对人，也要防止双方因为语言冲突而大打出手。我们在具体批评对方的时候，多多针对错误的本身，积极寻求解决方案。

我们批评对方的时候，难免会怒火攻心，但是我们却不能因此失去理智让对方丢了面子。只有如此，我们才能够有效避免双方产生冲突，才能够让对方更容易接受我们的批评。

5.在批评时，保持温和的态度

我们批评对方的时候常常会抱着“我批评你是为你好”的想法。这个时候，我们就会不自觉地将自己摆放在一个道德制高点的位置上，从而忽略了我们说话的态度，最终使得对方对我们的批评感到反感，甚至出言反驳，伤及两人的关系。

祝功礼开了个小公司，请自己的妹妹来帮自己管理公司财务。

一次妹妹因为疏忽，导致公司财务出现问题，被税务机关查处，交了不少罚款。

对此祝功礼非常生气，他将妹妹叫到跟前，对她进行了严厉的批评。

妹妹显然是被祝功礼的样子吓住了，心想，我好心来帮你，你却这样说我，便忍不住还起嘴来，两人越吵越凶，最终引来旁人劝架才不欢而散。

后来妹妹选择离开了祝功礼的公司，两人为此还闹了长达半年的别扭。

我们常常会说一些“我批评你是为了让你进步，如果我们没关系我还不稀罕说你”类似这样的话，这些话本身可能并没有错，但是我们却没有必要时时刻刻将这话放在嘴边。

我们在批评对方的时候不妨放低姿态，让自己保持一种温和的态度，这样不仅能够化解双方之间因为批评所带来的紧张气氛，还能够让对方放下防备，更容易接受我们的批评。

何彦东是某学校的领导，一次有位教师因为教学方式不当，被学生家长举报。

何彦东知道后，便将这位教师叫到办公室，上来只是询问班级的情况，待闲聊得差不多了，才稍稍提及此事。

教师立即解释，何彦东只是倾听，也没有打断，待这位教师平复了心情，他才缓缓开口：“我知道你对教育有自己的理解，但是教育却也要讲究以人为本不是吗……”

何彦东虽然是在批评这位教师，但他却将自己的姿态摆得很低，说话的态度也尽可能保持温和。

那位教师听到何彦东的话后，当即也意识到了自己的不足，回去后便对自己的教学方式做出调整。因为这件事，他对何彦东心悦诚服，两人很快成为了朋友。

我们批评一个人的理由可能会有很多，批评的方式也会有不同的选择，但是我们批评的时候却一定要注意态度。一个良好的态度，能够让人如沐春风，消除双方的隔阂，也能够让对方更容易接受我们的批评，甚至在对方无法接受我们批评的时候，至少也能够保障双方的正常交流；反之，如果我们批评的态度相对恶劣，就会使得对方怀恨在心，甚至当场发作，不仅不利于事态的解决，还会严重影响彼此的关系，就算是对我们自己，也会带来消极的影响。

那么我们怎么做才能够在批评对方的时候，保持温和的态度呢？

首先学会控制我们的情绪，避免情绪激动之下态度变得恶劣。我们批评一个人所采用的态度，和我们当时的情绪是密切相关的，在情绪激动之下，我们更是很难把控自己的态度。但是我们大多数的时候批评一个人，是因为对方的行为对我们本身也造成了损失，这种情况下我们看到对方不可避免地代入情绪，这就是我们常说的“我看到你就来气”。所以在这种情况下，我们不妨选择先将事情推后几天，给自己足够的时间来平复情绪。在自己相对平和的时候再对对方进行批评。

其次学会放低姿态。至少也要摆放在与对方相同的高度上，这样我们在批评对方的时候，就会更容易控制自己的态度，更容易让对方将我们的批评看成一种平等的交流，从而让对方更容易接受我们的批评。

最后多学多看，积累为人处世的能力。心理学家普遍认为，一个人的态度其实与这个人的学识、社会阅历存在息息相关的联系，这也就很好地说明了为什么越是年长的人，批评他人的时候更容易被人接受。所以我们也应该努力提高自己，无论是对于专业知识，还是为人处世的能力都应该积极学习，这样我们在批评对方的时候，就会更容易保持一个相对温和的态度。

我们批评对方的时候不管是出于怎样的目的，具体使用什么方法，都要保持一个相对温和的态度，这样就算对方不能接受我们的批评，至少也不会影响彼此之间的关系。

6. 批评不等于指责

我们批评一个人的时候，往往是因为对方犯了某种错误，或者某种行为对我们带来了损失。这时候我们在批评对方的时候就会抱有“我是对的，你是错的”这种想法，让我们的批评变成一种对对方的指责，这其实会引起对方的排斥、反抗。

周淑怡是一位网店的店主，一次因为男朋友的疏忽，导致寄给顾客的商品出现错误，为此白白浪费了大量时间、金钱。

周淑怡气不过，把男友叫来进行了批评，想让男友意识到错误。但是话一出口，便完全变了味。

周淑怡一直死抓着男朋友的错误不放，让男友认为周淑怡是在推卸责任，指责他的行为。

男友心想：我工作那么忙还帮你送发快递，你不领情就算了，出点小错就抓着不放。于是便与周淑怡争吵起来。

两人越吵越凶，一气之下分了手，此后两人分道扬镳，之后也没有再联系。

我们常常会抱怨，为什么我们抱着善意批评了对方，对方不但不领情，反而还恼羞成怒，与我们产生争执呢？其实这完全是因为我们将批评和指责搞混了，我们披着批评的外衣，却做着指责对方的事情。

批评并不等于指责，虽然二者看上去没有太大的区别，却存在本质上的差异。批评其实是一种对于对方缺点或错误提出意见的行为，而指责却是对对方错误的责备。

由此我们能够看出，批评其实是希望对方变得更好而提出的意见。而我们在指责对方的时候，反复提及对方的错误只会引起对方的排斥、反抗。

何忠侠是当地电视台的记者，一次在采访的时候，由于摄影师的疏忽，采访画面丢失，导致何忠侠在后期制作的时候没有素材可用。

为此何忠侠非常生气，不过在批评摄影师的时候他却非常注意分寸，只字不提这次的错误，只是提醒摄影师下回拍摄的要点。

摄影师其实也知道自己的错误为何忠侠带来了损失，见何忠侠不但不怪罪他，在批评他的时候还十分注意他的感受，他为此深受感动。之后在工作中他处处帮助何忠侠。

后来两人进行多次采访合作，后期制作出来的视频质量越来越高。为此他们还受到电视台领导的表彰。

我们批评对方，是为了帮助彼此得到进步，但是我们指责对方，却对解决事情并没有任何好处。所以我们在批评一个人的时候，一定要把握好其中尺度，不要将批评演变为指责。

那么我们怎么做才能避免批评演变为指责呢?

首先将人与事分开，批评的时候做到对事不对人。我们在批评一个人的时候，之所以容易错将批评演变为指责，就是因为我们没有将事情与对方这个人分开来处理，批评对方的时候死抓着对方的错误不放，甚至将错误延伸到对方这个人本身，这很容易引起对方的反弹。所以我们在批评对方的时候要做到对事不对人，要时刻保持清醒的认识，心里清楚自己想要达成怎样的结果，放下对方这次的错误，着眼于未来，为未来双方更好的合作、相处提出建设性的意见。

其次批评对方的时候保持客观的态度。在日常生活中，我们每个人所处的位置都不尽相同，看待问题的角度也会存在差异，那么我们在批评对方的时候，必然会带上自己的主观印象，导致我们的批评存在片面性，让对方误以为是我们在指责他。其实这种批评并不可取，批评对方虽然是在传输自身的意见，但也要掌握一定的尺度，不说站在对方的角度为对方着想，至少也要相对客观地批评对方。这样对方对我们的批评才不会感到抵触，在面对我们批评的时候也更容易接受。

最后倾听对方的谈话，学会接受对方的反驳。我们在批评对方的时候，对方不一定会全盘接受，有时也会提出反对意见。但在这种情况下，我们很多人便会在心急之下来一句“你听我的就行”。当我们说出这句话，便代表着我们不允许对方的反驳，这很容易激起对方的逆反心理，让对方对我们批评心生抵触。其实这种态度并不可取，要知道批评是一个双方共同进步的过程，在我们批评对方的时候，也要学会倾听对方的反驳，甚至有时候还要吸取对方的意见，这样我们才能够达到共同进步的目的。

7. 先进行自我批评再批评别人，这样效果更好

在日常生活中，我们在批评某一个人的时候，总是很难获得预期的效果，甚至会起到反效果。这其实是因为我们没有掌握先进行自我批评再批评他人这种方法。

杜昌科是公司的主管，有一次负责主持部门的检讨会议。

之所以会有这次会议，是因为杜昌科所在的部门年度业务没到达标准，杜昌科思来想去，认为这是业务员的问题，于是便在会议上对每一个业务员做出了严厉批评。

这就让很多业务员都心生不满，甚至有些业务员在一气之下选择跳槽到其他公司。

不仅如此，连带着经理对于杜昌科都有些怨言，心想：每个业务员都有问题，这明显是你这个主管做得不到位。于是在公司也渐渐与杜昌科疏远起来。

后来公司领导开会的时候，也直言杜昌科缺乏管理能力。

杜昌科在公司过得极其不顺，公司领导对他产生意见，自己手下业务员也对他心生不满，最终杜昌科没有别的办法，只得选择离开了公司。

直接批评对方，其实也就意味着彼此之间不存在缓冲，双方会直面冲突，自然就容易激起对方的逆反心理，会引起对方的反抗。毕竟我们每个人在做出选择的时候，都不会认为自己的行为存在错误，就算事后我们意识到了，也会下意识做出掩饰。

而如果我们在批评对方之前，先做一段自我批评，那么对方就会心想："原来这个错误不是只有我自己犯过，你也出过类似的错误。"这样对方就不会觉得这个错误有什么大不了的，而且还会因为共同的"经历"瞬间拉近彼此的距离，这种情况下对方也就更愿意听取，接受我们的批评。

常士伟是刚毕业的实习生，初到公司的时候，因为不熟悉公司的业务，他曾犯了不少的错误。

经理在知道这件事情后，便将常士伟叫到办公室。不过经理却没有急着批评常士伟，反而聊起了自己刚到公司时候的经历。

经理说自己刚到公司的时候与常士伟一样，常常犯很多错误，甚至还因此让一位同事蒙受损失。后来他以此为戒，才慢慢减少了错误。

常士伟听后顿时觉得与经理亲近了不少，但也为自己的过失感到内疚，后来在听到经理对自己批评的时候，也明白了自己的不对。这之后他在工作中变得格外认真，渐渐成为公司的优秀员工。

批评的方法有很多种，但是直接批评对方无疑是最低效的行为，在批评对方的时候先进行自我批评，就能够有效拉近彼此的距离，也能够让对方更容易接受我们的批评。

那么我们在先进行自我批评再批评别人的时候，具体怎么做才能够让批评的效果更好呢？

首先，学会正确的自我批评，把握自我批评的要点。或许有人会说：“自我批评很简单，不就是自黑，这谁不会。”其实不然，自我批评虽然是在抹黑自己，但是却要讲究具体方法，否则就会出现“驴唇不对马嘴”的情况。比如，我们想要批评对方文案写得草率，却说自己过去年少时常常与人发生争执，这样我们在批评对方的时候很难引起对方的共鸣。所以我们在批评对方的时候，要时刻保障我们自我批评的点，与之后我们批评对方的地方保持一致，这样我们才能够为我们批评对方的行为做好铺垫。

其次，在批评对方的时候要注意尺度的把握。我们在自我批评的时候虽然可以夸大事情引发的后果，但是在批评对方的时候却要轻拿轻放。虽说夸大事情引发的后果，更容易引起对方的注视，可以让对方深刻地意识到自己的错误，但是却也容易引起对方的恐慌，让对方逃避过错，甚至有时候会让对方产生“破罐子破摔”的心理。所以我们在批评对方的时候要注意轻拿轻放，让对方意识到错误即可。

最后，把握批评的态度，注意批评的语气。在日常生活中，常常会出现我们在批评对方的时候，对方心不在焉，或者对方直接恼羞成怒与我们产生争吵的情况，这其实就是由于我们没有把握好批评的态度及语气所造成的。事实上，对方能否接受我们的批评，在很大程度上也会受此影响，如果我们的态度恶劣，语气趾高气扬，就很容易让双方之间产生隔阂，甚至会激起对方的反抗；但是如果我们态度温和，批评的时候也是细言细语，那么就算对方不能接受我们的观点，至少也不会做出激烈的反驳。所以注意批评的语气与态度，其实是在为双方之间铺设缓冲地带。

第六章 拒绝的话，委婉而不伤和气地说

1. 别不好意思说“不”

在日常生活中，总是会遇到一些人请求我们做自己不愿意的事情，而面对这一情况，大多数人并不知道如何拒绝，甚至从心底不敢拒绝，于是便硬着头皮答应下来。平白委屈了自己不说，最后不一定会得到对方的好感。

罗晓丽是刚毕业的实习生，在上班的第一天，家里劝告她机灵一点，遇到事情多做一些，而实际上罗晓丽也确实如此。

在面对单位同事一些打扫卫生、带饭的请求，罗晓丽从来不会拒绝，甚至有时候同事请求她做一些原本不属于她的工作，她也违心地答应下来。

但日子一长，罗晓丽对此感到了厌烦，终于在一次同事请她帮忙的时候，她彻底爆发，与那人产生了争执。

后来果然没有人来找罗晓丽帮忙，但是连带着也很少有人愿意与她产生交集。

在面对他人请求的时候，我们常常会不自觉地想“我拒绝对方会不会遭到对方的排挤”“对方会不会觉得我难以相处”，其实这些问题完全没有必要，对方对于我们的看法，并不是我们简单做几件事情就能够扭转的。

我们大多数人不好意思说“不”，其实归根结底是因为我们想得太多。有时候我们勇敢地说“不”，其实并不会影响到两人的关系。

蔡维佳听说偶像要来她所在的城市开演唱会，花了好几天的时间终于抢到一张门票。

朋友听说便找上门来，希望她能够转让门票，并说："我和男朋友几天才抢到一张，反正你也是一个人，不如转让给我们。"

蔡维佳听后，果断拒绝了对方："如果是别的事情我一定毫不犹豫地答应你，就算是白送都没有问题，可他是我的超级偶像，试想，你也不会将你偶像演唱会的门票随便转让出去吧。"

朋友听后，没有多说什么，只是表示要去找其他人问问。

后来，两人不但没有因为这件事情产生隔阂，反而因为两人有相同的偶像多了更多共同话题，两人关系也变得更加亲密。

我们在大多数情况下不敢说"不"，其实就是我们想得太多，所谓"世上本无事，庸人自扰之"，虽说我们都不愿意承认自己是"庸人"，但是我们确实对"如何拒绝对方"这个问题感到苦恼。

那么我们在对别人说"不"的时候，具体应该怎么说呢？

首先坚守自己的原则，不做违背自己原则的事情。我们每个人追求的东西都不一样，对待每件事情的看法也都会有细微的不同。如果我们什么要求都答应对方，只会给对方留下一个"烂好人"的印象，这不仅会使得我们在日后的交往中吃亏，还会让对方认为我们做事没有原则，从而无法真正地与我们成为朋友。所以我们在生活中，该拒绝的事情就一定要拒绝，如果对方的请求涉及原则性的问题，那么我们更应该坚决地说"不"。

其次放下自己的"面子"，学会在适当的时候让自己"脸皮"变厚。在日常生活中，大多数无法拒绝对方的人，都是因为脸皮太薄，说白了也就是太好面子，希望得到他人的肯定。但实际上，我们这种好面子的行为根本不会得到对方的肯定，甚至可能会让对方觉得理所应当，从而为我们自己带来无尽的麻烦。所以我们在面对对方请求的时候不要一味地付出，在自己不情愿的时候也要拒绝对方，我们不想要变得冷酷无情，但也要做到问心无愧。

再次学会大胆地说出自己内心的想法，不要过于在意他人的眼光。很多时候之所以无法拒绝对方，就是因为太过于在意对方的眼光，想要给对方留下一个好的印象。实际上，对方对我们的看法，并不是我们为对方做几件事情就能够改变的。这就好比有人给我们留下的印象是爱哭鬼，发现对方对我们有求必应，但是对方是爱哭鬼的印象并没有在我们心中消除，最多也就会变成“乐于助人的爱哭鬼”。所以在对方的要求损害到我们自身利益的时候，我们要勇敢地站出来说“不”，不要太在意对方的眼光。

最后勇敢地做自己，大胆地做自己想做的事情。我们很多时候无法拒绝对方，是因为我们害怕与众不同，拼了命地想要得到对方的认同。其实这大可不必，就好比“世界上没有两片相同的叶子”，我们每个人的经历都有所差异，自身的想法与行为方式也会存有差异，这都是不可避免的事情。而我们所要做的就是勇敢地正视自己，大胆地做自己想做的事情，对自己不喜欢或是不想做的要求，勇敢地说“不”，这样我们就会发现我们的生活会变得更加轻松，我们周围的人也会慢慢喜欢上更加真实的自己。

其实勇敢地说“不”并没有我们想象中的那么难，只要我们能够摆正心态，勇敢地做自己，在坚守原则的情况下拒绝对方，那么对方也不会因此而对我们心生埋怨。

2. 好朋友向你借钱，如何拒绝又不伤感情

在日常生活中，我们总是免不了会遇到朋友向我们借钱的事情，次数较少或者数额较小的时候还好说，但有时候对方向我们借钱的数额会远远超出我们内心所能承受限额。这种情况下，我们如果借给对方，便会严重影响我们自身

的正常生活；如果硬着头皮拒绝对方，又会引起对方的恼怒，影响彼此之间的关系。

杨子项的朋友总是喜欢隔三岔五地向他借钱，但是总是无法按时归还，虽说每次数额也不多，也就是个三五百的样子，但是日子久了，算下来已经欠了杨子项小一万块钱。

这一天，朋友又到家里来借钱，说是要带女朋友去旅行，过段时间就还。

杨子项听后有些恼怒，心想：怎么什么事情都找我借钱，真当我好欺负了？

于是便直言拒绝了朋友。

但是朋友却一直不依不饶，不停在杨子项耳边诉苦，逼得杨子项没有办法，一气之下便说："等你什么时候把之前借的钱还了，我再借给你吧。"

朋友听后果然不再提借钱的事情，没坐多久便尴尬地离开了。

杨子项见此还为不必借钱给朋友而感到高兴，可是没过多久他便发现朋友不再来家中做客，后来更是得知朋友觉得他说话伤人，不想与他往来。

在生活中，我们见过太多因为借钱而反目成仇的事情，其实在大多数情况下，对方所埋怨的并不是我们拒绝借钱给对方，而是我们拒绝的方式伤害了他。

我们要明白，面对向我们借钱的朋友，我们想要达到的目的也只是单纯地拒绝借钱给对方而已，对于对方而言，我们实际上没有任何矛盾，完全没有必要跟对方划清界限、老死不相往来。

所以我们在拒绝朋友向自己借钱的时候，尽量以不伤害对方为前提，采用一些委婉、迂回、幽默的方式，最大程度地让对方能够接受我们拒绝的话。

林国峰毕业后独自到大城市打拼，经过几年的摸爬滚打，终于在城里站稳了脚跟。

一天同学遇到了困难，不知道从哪里听说林国峰事业不错，便来找林国峰借钱。

但是林国峰对于手头的资金，都有明确的规划，如果借给朋友的话便会打乱自己的计划，平白让自己蒙受损失，直接拒绝的话，恐怕又会让同学心生不满。

想到这里，林国峰便暂时收起来拒绝的话，将同学引到家里，在家中设宴为同学接风洗尘。

两人这一顿饭一直吃到凌晨，待酒过三巡之后，林国峰突然朝着同学哭诉："兄弟，你看我在城里过得不错，但你知道我为了维护这种表面的光鲜亮丽需要付出什么吗？不说这房贷、车子，光是你嫂子的化妆品就需要我半个月的工资……"

同学听到林国峰的诉苦后，也不再提借钱的事情，第二天一早便告辞离开了。

我们常说"欠债还钱，天经地义"，但是在现实生活中，很多人把钱借到手之后，因为一些主观或者客观的原因，导致自己借的钱无法按时归还，甚至有些时候自己也失去了还债的能力，在这种情况下，我们所借给对方的钱也就很难再要回来。我们每一次借钱给对方，其实我们都会需要承担一部分的风险。

所以，有时候我们就算是手头有钱借给对方，也需要做出一定的规划，规避可能存在的意外。这也就避免了我们明明手头有钱，却无法借给对方，在被对方询问的时候自己又无法做出合理拒绝的尴尬局面。

那么面对这种情况，我们如何拒绝对方借钱的请求，才能不伤及双方的感情呢？

我们在面对对方借钱的时候，可以尝试先发制人，在对方提出借钱请求之前，便先一步堵住对方的嘴。这种方法最为简单实用，其中的要点就是要反应快，在对方提出借钱之前，或是提出借钱请求的那一瞬间，就要想出自己的借口，从而封住对方的嘴。比如对方向我们借钱，我们听后不想借给对方，便可以直接说一句"我刚想向你借钱，没想到你就先一步打过来电话了……"这样对方自然也就不会再缠着我们借钱。这种方法虽然简单实用，但是却很难让对方产生认同感，所以我们在说话的时候一定要表现出足够的真诚，甚至在我们确实困难的时候，不妨直接向对方表明我们的经济状况，这样更加容易让对方认同我们拒绝的话。

然而在朋友已经向我们提出借钱请求的时候，先发制人便没有了施展的空间，这时候我们先不要急着拒绝，表面答应对方，但时间上无限往后推脱。在对方已经提出了借钱的请求，我们没有合适的理由拒绝时，不妨向对方推脱，以此让对方知难而退。比如可以说“真是不巧，我刚刚将钱借给朋友，暂时手头没钱”，或者也可以说“最近手头比较紧，你要是不着急用，我过段时间给你”，这样在大多数情况下，对方都会明白我们的意思。

其实拒绝对方借钱的请求并没有我们想象中的那么难，有时候之所以使得双方闹得很僵，完全是由于我们想得过多。在我们真的没有能力满足对方借钱请求的时候，不妨坦诚地说明情况，在配合我们拒绝时的一些说话技巧，相信对方也能够理解我们的苦衷。

3. 想对领导说“不”，一定要把握好时机

在工作中，我们总是会面对领导不合理或错误的要求，这时候如果我们不拒绝，平白蒙受损失不说，事情最后搞砸的话还会让自己背锅。但是如果我们直言拒绝，就会让领导下不了台，会让领导认为我们是在故意与他作对，不利于之后工作的开展。

苏冲在公司做封面设计，一次领导推翻了他的设计，并给出了一定意见，让他重新做。

苏冲看到领导的意见后，发现这些意见与自己所学的设计完全不搭边，甚至有些都已经影响到设计的美感，于是他气冲冲地拿着自己的封面设计去找领导讨个说法。

当他找到领导的时候，领导正在开会，但他不管不顾地与领导“当庭对峙”，在语气激动下完全没有注意说话的方式，让领导下不了台。

领导后来也不想与他这样闹下去，便随意将他打发了。

后来领导将这个任务交给了其他人，甚至在日后刻意针对苏冲，最后苏冲不得已选择辞职。

在我们面对领导不合理或是错误的要求时，领导是否有错我们姑且不论，但是领导确确实实在某种程度上决定了我们这份工作的前途。

所以就算我们有充足的理由，也不可让领导当众下不了台，给领导足够的面子，找到合适的时机再与领导说“不”，这样才有助于我们以后的发展。

白拓筹是一位销售员，一次因为设备故障，导致他的销售额数据丢失，以至于看上去他就如同没有工作一般。

经理对此并不知情，见他没有完成销售额，开会对他进行了严厉的批评，并让他做出深刻的检讨。

白拓筹对此并不急着辩解，待到散会以后，白拓筹独自留下与经理解释，并且列举出自己每天的工作进度表，表明自己的销售额其实已经完成。

经理调查过后，发现真的是自己搞错了，不由对白拓筹感到愧疚，为此专门当众向他道歉。

此事过后，经理就对白拓筹另眼相看，不久便将他升为组长。

领导不一定就是对的，事实上领导怨恨我们也不是因为“对错”的问题，领导更加在意的是颜面和权威的问题。所以我们在对领导说“不”的时候，必须要掌握一定的方法，这样才会让领导更容易接受我们的说辞。

那么我们在想对领导说“不”的时候，如何才能把握好时机呢？

首先，注意说话的场合，避免在公共场合让领导下不来台。在我们想要拒绝领导某些要求的时候，场合的选择尤为重要。试想，如果我们准备去饭店吃饭，朋友突然来一句“你的工资也不多，我们还是去家里吃吧”，我们心中会做何感想，是不是会觉得面子上过不去，甚至有些埋怨朋友。同理，如果我们在全公司人的面前拒绝领导，领导也会感到颜面尽失，从而记恨我们。所以，我们在想要对领导说“不”的时候，尽量选择私下沟通，以此来保全公司领导的颜面，这样就算我们的理由不够充分，至少也不会影响到彼此的关系。

其次，耐心等待，不要轻易打断领导的话。在日常生活中，我们在与别人聊天的时候，非常不喜欢对方不停地打断我们的话，同样，在我们对领导说“不”的时候，领导也不愿自己的话被打断。所以在我们拒绝领导的时候，一定要保证自己有足够的耐性，认真听完领导的话，在领导说完后再表示自己的反对意见，这样才能够保障双方是一次有效的沟通，而不是一场无意义的争吵。

同时，我们还要注意领导说话内容的意思，不要领导刚说一句“注意防盗”，我们来一句“这有啥可偷的”，这样摆明是不给领导面子，会让领导以为我们在故意找事，这样就算我们之后拒绝的理由再充分，领导也会先入为主地认为我们是在故意与他作对。

再次，学会控制自己的情绪，摆正心态，不要将领导当成仇人。我们很多人在对领导说“不”的时候，很容易就会在情绪激动的情况下说出令自己后悔的话，其实这样很不利于解决问题。在我们面对领导的时候，要学会摆正自己的心态，将领导看作“自己人”，心平气和地与领导沟通，表达自己的意见，这样才能够有领导明白我们的意思，不至于双方关系恶化。

最后，掌握拒绝的方法，不要让自己的说话方式为自己埋下祸根。我们在面见领导，想要对领导说“不”的时候，这其实已经算是一个比较正式的场合，不管我们和领导有多么亲密的关系，都不能表现得太过随意，一些口语化过于严重的词句，也要尽可能地避免。同时我们在对领导说话的时候，根据领导性格、喜好的不同，采用不同的说话方式，最大限度地让领导能够听进我们所说的话。就算不能如此，我们也要语气温和，至少也要做到不因自己的语言而得罪领导。

其实对领导说“不”并没有我们想象中的那么困难，只要我们能够把握正确的时机，掌握说话的方式，那么领导也会很乐意听完我们的理由。

4. 拿别人做“挡箭牌”，使自己置身事外

生活中，我们常常会遇到他人向自己寻求帮助的情况，但有时候我们因某种原因，不想或是不能为对方提供帮助，这时候如果直接拒绝对方，可能会让对方怀恨在心，影响到彼此的关系。

华卫新的工作是视频后期制作，主要负责视频广告方向。

一次，朋友请他帮忙设计一个广告，但是他并不想答应，毕竟视频模板、拍摄、三维动画这些方面都是需要自己花钱请别人做，朋友不知道还以为简单动动手就能完成。

于是，华卫新便直接拒绝了朋友，提议朋友直接花钱请广告公司设计。

朋友见华卫新直接拒绝便很生气，心想道：凭咱们的交情你还和我谈钱？他因此记恨上了华卫新。

后来朋友处处与华卫新作对，两人的关系也越来越紧张，最终反目成仇，彻底决裂。

在我们面对对方请求的时候，直接拒绝对方无疑是最糟糕的行为，这不仅会让对方下不了台，还会让对方认为我们不给他面子，故意与他过不去，最终便会使得对方记恨我们，影响到彼此的关系。

所以我们在拒绝对方的时候需要尽可能地委婉，尽量顾及对方的面子，而多拿他人做“挡箭牌”，无疑就是个很好的选择。

赵路远负责公司的招聘工作，同学知道后便想找他来开后门。

赵路远并不想这么做，而且他也知道同学并不适合公司这次招的岗位，但是因为彼此关系还算不错，赵路远不想直接拒绝同学，伤及两人之间的友谊。

于是赵路远便对同学说：“不是我不想帮你，主要是我头顶还有一个负责人，我将你资料递给他后，他死活说不行，我说你是我哥们儿，让他通融一下，他还将我骂了一顿。”

赵路远就这样将所有责任都推到了“上司”头上，同学听后也不再多说什么，只能打消之前的想法。

在日常生活中，我们总是会遇到一些我们不想或是不能接受的请求，而真实的原因我们又无法向对方明说，这时候我们不妨多多使用“挡箭牌”，将拒绝的责任推到其他地方，这样我们既不用违背自己的心愿，也能够维护好彼此的关系。

那么我们怎么做才能够拿别人做“挡箭牌”，将自己置身事外呢？

首先，先下手为强，表明自己已经答应了其他人。在对方向我们借东西，或是对方请求的事情有名额限制时，我们不妨表明对方来晚一步，自己已经答应了其他人，以此来拒绝对方。比如在对方借东西的时候可以说“你怎么不早说，我已经借给别人了”，或者在对方请求我们办事的时候可以说“这个名额已经招满了，恐怕要等下次了”。以这种理由拒绝对方，对方就会懊恼自己“来晚一步”，从而将矛盾从我们自身移开。

其次，捏造一个子虚乌有的人物，让其来帮我们拒绝对方。有时候对方请求我们办事，这件事情我们实在是不想答应，其中的原因我们又实在不能向对方明说，那么我们不妨借他人之口来拒绝对方。比如“我也想帮你，但是我们领导不同意啊”“他觉得你们之间不太适合”“新来的主管比较严格，对什么事都比较较真”，这样我们就能够给对方留下一种“不是我不想帮你，是某人不同意”的感觉，将目标转移到其他人身上，让自己置身事外。但值得注意的是，这个“挡箭牌”最好是对方不认识的人物，以防日后两人见面产生交集，进而带来尴尬局面。同时我们也可以选择去捏造一个人物或者事件，以此来充当“挡箭牌”。

最后，利用与自己亲密之人的关系，以此来做“挡箭牌”，成功拒绝他人请求。在实在不知道怎么拒绝他人的时候，不妨先答应下来，然后再让自己的家人演一出戏，甚至可以因此而假意争吵，以此来让对方主动收回请求。比如朋友向我们借钱，我们先答应下来，然后让家人假意与自己争吵，这样朋友见因为自己的事情而引起我们“家庭不和”，也许会主动收回之前的请求。

拒绝他人其实并不困难，主要我们巧用“挡箭牌”转移矛盾，将自己置身事外，那么我们就算是拒绝了对方，也完全不会影响到彼此的关系。

5. 敷衍拒绝，巧达目的

在生活中，当别人对我们提出请求的时候，我们的认知里似乎只有“答应”与“拒绝”两个选择。当然绝大多数情况下，这两个选择我们都不想选，常常会思考有没有第三个选择。

事实上，从来没有非黑即白的事情，除了“答应”与“拒绝”外，我们还可以选择敷衍对方，以此来达成目的。

付碧密是工厂的老员工，后来工厂新盖了一栋员工宿舍楼，但是在分配的时候却没有付碧密的名额，付碧密感到不忿便去找领导理论。

领导听完付碧密的话后，也有些为难，便敷衍道：“按理说你确实也有资格，但是咱们厂区这么多人，名额根本不够分，这样吧，你先回去，我去向领导反应一下情况，如果之后再有名额便优先给你。”

付碧密听后便高兴地回去了，后来领导不停用各种借口敷衍他，最终虽然没有帮他拿到名额，但是他却已经解决了住房问题，为此付碧密便不再纠结名额的问题了。

在别人向我们提出请求的时候，我们答应对方，就会为自己带来损失，甚至可能因为自己能力不足，无法完成我们所答应的事情，便会遭到对方的埋怨，形成一种“出力不讨好”的局面。但是如果我们直接拒绝对方，又害怕因此而遭到对方的埋怨。这种情况下，敷衍拒绝无疑是最好的选择。

但是敷衍却也要掌握一定的窍门，一味敷衍对方，或是让对方明显感觉到我们的敷衍，就会让对方认为我们不尊重他，因此而埋怨上我们，甚至还会在日后的日子里为我们增添不必要的麻烦。

何耀坤是网络编程工程师，在别人眼里他是一个非常懂电脑的行家。

一次亲戚来找他修电脑，但他根本不会。但是当他向亲戚解释解释时，却发现对方完全不明白修电脑和编程的区别。

于是何耀坤便使用了拖字诀，不管亲戚说什么，他都敷衍地回答“嗯”“啊”“哦”。

亲戚忍不住了，问道：“你到底帮不帮忙啊。”

他想也没想，直接来一句“好的”，却不想亲戚直接参毛，气呼呼地离开了。

后来两家便很少再往来，甚至逢年过节连一个电话都没有。

敷衍其实也是一种学问，我们常常说“不要随意敷衍他人”，其实只是因为大多数人并不知道该如何敷衍，只要我们能够掌握敷衍拒绝的方法，敷衍对方不但不会遭到对方的记恨，甚至还有可能加深两人的交情。

那么我们应该如何使用敷衍拒绝的方式，来巧达自己的目的呢？

首先即使是敷衍对方，也不能让对方明显感觉出来。在使用敷衍拒绝这种方法时，首先就要明白，我们虽然是在敷衍对方，但是却不能让对方也这么认为。所以在敷衍对方的时候，语气一定要温和亲切，最大限度让对方放低心中戒备，这样才能在敷衍拒绝对方的时候，不至于因此影响到彼此的关系。

同时，敷衍拒绝也是有一定的忌讳，我们还要注意自己语言，尽量不在语言上让对方感到我们的敷衍。比如一些“嗯”“哦”“呵呵”“好吧”“我知道了”这种明显带有强烈敷衍意味的词句，坚决避免使用。这些词句很容易就会让对方感到我们在敷衍他，容易让对方恼羞成怒。我们可以选择一些比较隐晦的借口，比如“让我再好好想想”“要不你再去找其他人问问”“要不咱们再一起想想其他办法”。这些话虽然也具有敷衍的意味，但明显要比之前的词句更具人情味，也更加容易让对方接受。

其次敷衍拒绝对方的话要少说，避免无谓且持续地敷衍对方。我们大多数人都不愿意听持续枯燥的话，就算常常听到“你真漂亮”都会感到厌烦，何况是这些敷衍拒绝的话。我们如果常常敷衍对方，这就会很容易引起对方的反感，所以敷衍拒绝的话我们要尽量少说，讲一句敷衍的话说到对方耳朵里即可，其他也只能够期望对方自己领会，不必要反复在对方耳边提及。

最后敷衍拒绝并不代表我们什么都不用做，在敷衍拒绝对方的同时，还可积极为对方寻找解决方案。我们在面对对方请求的时候，或者是因为不想帮忙，或者是因为帮不上忙，所以我们才会选择敷衍拒绝对方。但是，我们帮不上对方的忙，可以帮忙联系能够帮助对方的人，联系不到人可以帮忙想办法，想不到办法我们也可以出言安慰对方、给对方鼓励。这样虽然我们最终的结果还是拒绝了对方，却能够给对方留下好感，加深彼此之间的联系。

敷衍其实没有我们想象中的那么差，这不代表我们不重视彼此的感情。在我们不想或是不能帮助对方，同时存在无法言明的原因的时候，不妨使用拒绝的方法，来巧达目的。

6. 别人的好意，如何开口谢绝

在生活中，我们总会遇到对方主动提出帮助自己的情况，但是很多时候其实我们并不需要帮助。如果我们不拒绝对方的好意，可能就会遇到对方帮倒忙，白白让自己蒙受损失的情况；但是如果我们直接拒绝，可能又会让对方怀恨在心，因此影响到彼此的关系。

李晓破的邻居是一对夫妻，两人脾气都非常火暴，常常为了一些鸡毛蒜皮的小事争吵。

一次妻子怀疑丈夫出轨，两人因此发生争执，甚至吵着要离婚。

李晓破见他们吵得这么凶，便想着前去劝解，结果劝架的话刚刚说出口，就被两人联合骂出门来，并且两人还扬言道："我们两口子的事，你一个外人搅和什么？"

李晓破为此气得不行，心道一句"狗咬吕洞宾"，便直接回家了。

后来不管这家邻居遇到什么事，李晓破都不愿意去管，连带着两家关系也越来越差。

所谓"吃人嘴软，拿人手短"，我们接受了对方的好意，其实从某种意义上我们就欠下了对方人情，那么在日后对方需要我们还人情债的时候，可能就会为我们带来麻烦，而这就正是我们拒绝他人好意的重要原因。

但是我们虽然不想欠下对方的"人情债"，却不代表这彼此之间没有"人情"，更不代表我们日后永远也不会遇到需要对方"人情"的时候。况且在大多数情况下，对方能够主动提出来帮助我们，恰恰说明了彼此交情比较深厚，所以就算我们永远也不需要对方的帮助，我们也不能为了拒绝对方的好意而得罪对方，破坏两人的亲密关系。

薛玲珑与男友发生争吵，一气之下离家出走，跑到闺密家哭诉。

闺密好生安慰才使她平复心情，见天色已晚闺密便对薛玲珑说：“要不今晚你就住家里吧，明天我让你姐夫送你回去，为你出头。”

薛玲珑想想，却觉得不妥，便说：“姐的好意我心领了，但是我住到家里总是会引起旁人说闲话，况且我出来这么长时间不回，我怕男友该担心了。”

闺密听后也没有强求，便送薛玲珑回去了。

后来两家交往越来越亲密，甚至两家的孩子都是一起长大。

不管怎么说，对方提出帮助我们都是对方的一片心意，哪怕我们不需要也不能辜负对方的这片心意，否则只会为彼此关系破裂埋下祸根。

那么在我们需要谢绝别人好意的时候，究竟应该怎么说呢？

首先，从心里重视对方的好意，真诚地对对方表示感谢。当对方想要向我们提供帮助的时候，不管我们需不需要，也不论对方最终能不能帮到我们，这都是对方的心意，我们就算不想接受对方的心意，也不要因此与对方结下梁子。试想，如果我们想要帮助一个人，对方上来一句“关你什么事”，那么对方日后无论遇到什么事情，恐怕我们都不会提供帮助了。所以在我们拒绝对方好意的时候，一定要诚恳地对对方表达感谢。

其次，表明自己实际情况，道明谢绝的原因。我们是否需要对方的帮助，需要谁的帮助，这自然是我们自己的事情，但是我们却需要给对方一个合理的解释。在生活中，当对方提出帮助的时候，并没有考虑到我们的实际情况，以及我们当时的内心感受，如果答应了对方自然是对我们没有任何益处，可能还会因此为自己带来麻烦。那么这个时候我们可以向对方直言自己的处境，甚至可以将我们所面临的状况夸大，用隐晦的语言暗示对方无法给我们提供帮助，让对方知难而退，这样就能够有效避免对方被我们拒绝的尴尬境地。

再次，给对方留下台阶，学会婉言拒绝对方的好意。在日常生活中，有时候我们需要拒绝对方的好意，但是拒绝的理由又无法向对方说明，这时候我们直接拒绝对方就会让对方丢了面子，从而记恨我们。而如果我们拐个弯，婉言拒绝对方的好意，反而能够让双方的关系更上一层楼。

最后，话不说绝，给自己留有余地。我们在拒绝对方好意的时候，一定不能将话说绝，要为自己留下余地。就算我们现在不需要对方的好意，这并不代表了我们日后不需要对方帮助。就算一直不需要，那么维持彼此的关系总没有错。所以有时候当对方提出帮助的时候，我们完全没有必要拒绝，直接说明现在不太需要即可，比如“太谢谢您了，但我现在确实不需要，日后我如果需要帮助一定找您”这类的话，既可以拒绝对方这次帮助自己的请求，又可以为日后上门寻求对方帮助埋下铺垫。

其实拒绝对方的好意并没有我们想象中的那么难，只要我们站在对方的角度思考问题，处处为对方留下情面，那么就算我们拒绝了对方的好意，双方的交情还是会得到巩固。

7. 即便是对心爱的人，也不必有求必应

生活中，我们面对陌生人的请求可能会轻易地拒绝，但是面对自己心爱之人的请求，却怎么也说不出拒绝的话。有时候哪怕心爱之人的请求再过分，我们怕伤及彼此的感情，只能硬着头皮答应下来。然而这样做的后果是在心里埋下怨念，总有一天会爆发，使两人彻底决裂。

胡琳琳与男友相恋三年，这三年的时间里，胡琳琳对于男友的请求一直是有求必应，甚至有时候明明自己很忙，也会兴高采烈地先完成男友的事情。

后来胡琳琳看到同事都买了汽车，再加上确实觉得每日上下班太过辛苦，

便向男友提议也买一辆汽车。

但是男友觉得两人现在生活条件还不算富裕，便拒绝了买车的要求。

为此胡琳琳感到有些委屈，心想：每次都是我依着你，我就这点要求你都不能答应吗？

于是便与男友争吵了起来，两人越吵越凶，最终收不住嘴，一气之下提出了分手。

我们很多人都会认为，相爱之人不分彼此，但其实这并不正确。试想如果我们自己一个人生活那还有什么乐趣。所以两个人如果想要长久发展，首要的就是要表现出彼此的个性，这也需要我们在日常生活中能够有效地互动，而这种互动恰恰是“有求必应”所无法带来的。

所以我们在面对心爱之人请求的时候，也要学会拒绝，这种拒绝也是双方之间有效交流的一种体现。

胡俊杰与女友是同一家公司的员工，一天女友提出希望胡俊杰在公司晚会上向自己表白，向所有人表明两人的关系。

对此，胡俊杰却有些为难，表明这样做会打乱公司晚会的安排，于是便拒绝了女友。

但同时，他知道女友其实只是没有安全感，急于证明两人的关系，于是便带着女友去参加发小间的聚会，正式将女友介绍给自己的发小认识。

这之后女友完全忘了之前的事情，反而一直缠着问他自己该穿什么样的衣服去参加聚会。

我们在生活中之所以不愿意拒绝心爱之人，除了害怕影响彼此关系以外，还因为所谓的爱。但实际上，这与我们是否拒绝没有关系，有关系的是我们拒绝的方式，只要我们能够掌握正确的方式，拒绝不仅不会影响彼此的感情，甚至还能够成为彼此关系的催化剂。

那么我们具体应该如何拒绝心爱之人的请求呢?

首先，将丑话说在前头，避免双方为此产生矛盾。在生活中我们常常会发现，恋人中分手的很多，但是爱人中离婚的却较少，这是为什么呢？这是因为在双方结婚成为爱人之前，有一个谈婚论嫁的过程，在这个过程中，双方可以将现有矛盾或是将来可能发生的矛盾摆放到台面上，协商出一个对彼此来说都能够接受的选择，这样在日后，双方都不会去触及对方的底线，自然也就可以避免因此产生分歧。就算有人真的提出过分的要求，另一方也能够以“当初咱们承诺好了”的理由去婉拒对方，避免为对方带来不满。

其次，动之以情，用双方的情感打动对方，从而让对方收回请求。我们常说在恋人关系中是不存在任何道理可言的，但是我们却可以做到动之以情。我们与心爱之人，必定属于最亲密的关系之一，自然也就会拥有天然的感情基础，所以在我们面对心爱之人请求的时候，完全可以利用彼此的关系，用两人之间的感情来打动对方，让对方主动放弃那不切实际的想法。

再次，实事求是，向心爱之人说出彼此的难处。很多时候，心爱之人提出不切实际的想法，并不是要有意为难我们，可能彼此之间的难处对方也没有细想，只是突然之间有了这个想法，便想要与我们分享。实际情况也正是如此，我们与心爱之人必定是朝夕相处，其实双方的实际情况彼此之间都相互了解，可能在对方提出请求的时候，并没有多想而已。所以我们在拒绝对方的时候，不妨直言相告，说明彼此的难处，这样对方很容易就感同身受，主动放弃之前的想法。

最后，语言真诚，拒绝对方也要好言相劝。在大多数情况下心爱之人的请求可能只是随便说说，但如果我们随意拒绝，可能会带来严重的后果。所以哪怕是拒绝，我们也要保障自己的语言真诚。甚至我们可以选择不直接言明，反而从侧面去开导对方，劝对方主动放弃之前的想法。不管对方因何提出要求，好言相劝总不会有错，甚至这也完全可以为彼此的生活增加情调。

我们与心爱之人虽然犹如一体，但也没有必要事事答应对方，有时候拒绝对方，为对方增加一些障碍，反而能够让彼此的生活更具情调。

8. 婉转拒绝同事的不合理请求

我们常说“同事之间要互帮互助”，但是在很多情况下，帮助对方确实会影响到我们自身的工作。在这种情况下，我们很多人都会选择直言拒绝对方，从而影响到双方的关系。

王倩倩的公司刚来了一个实习生，因为长得乖巧可爱，嘴巴又甜，很受公司同事的喜爱，平时大家也很乐意帮她。

有次快下班的时候，这个实习生突然跑来请求王倩倩，说自己有事要忙，希望王倩倩帮她做完剩下的文案。

王倩倩心想：我这一大堆工作都还没有忙完，哪有时间帮你。

于是便直言拒绝，并说：“你就不能做完再忙别的吗？每次都让人帮你。”

实习生听后气呼呼地走了。

后来两人便很少再有往来，就算平时在公司见了面，也都当作没有看到。

我们在工作之中，总是会遇到同事提出不合理的请求，而对于这些请求，我们大多数人其实并不知道如何拒绝。甚至大多数时候我们害怕拒绝对方就会伤害到彼此情感，从而让自己失去良好的人际关系，但是如果我们强迫自己答应，又心不甘情不愿。

面对这种两难境地，很多人一开始都会这样妥协，却又会在自己无法承受的时候突然爆发，导致双方的关系急速恶化。所以，面对同事提出不合理请求，我们要从根源上断绝，在第一时间委婉地提出拒绝，让对方知难而退。

李宝英是一名护士，平时工作都是做二休二，还算比较清闲。

一天同事跑来找李宝英，说自己周末要和男朋友出去玩，希望李宝英帮忙值两天班。

但是李宝英周四周五本就是要工作，如果连上周末，自己就需要连续工作六天。护士是一个高强度的工作，连续工作六天非常不现实，但是她怕直接拒绝的话会影响到两人的关系。

于是李宝英既不答应，也没有直言拒绝，只是将自己的情况直言告诉同事，同事听后，也知道了李宝英的难处，便主动放弃找她帮忙的想法。

后来两人的关系不但没有受到此事影响，反而慢慢成为无话不说的好朋友。

其实在我们与同事相处的时候，真正因为我们拒绝同事不合理请求而影响彼此关系的情况并不多见。在大多数的情况下，都是由于我们拒绝的方式太过于直接，伤到了同事的自尊，这才使得对方对我们心生芥蒂，甚至让对方怀恨在心，处处与我们作对。

所以，我们在拒绝同事不合理请求的时候，要充分考虑到对方的感受，尽量取得他们的理解和支持，委婉地向对方提出拒绝。这样就能够有效避免因此带来的麻烦，更好地维护彼此的关系。

那么，在职场中，我们如何做才能委婉地拒绝同事的不合理请求呢？

首先表达自己的难处，给出恰当的理由，让对方知难而退。很多情况下，我们之所以会遭到对方的埋怨，完全是因为我们没有说清楚实际的情况，让对方误会我们是不想帮助对方。所以我们在拒绝对方之前，不妨先把实际情况向对方挑明，重点阐述自己的难处，和可能带来的严重后果，这样就能够让对方意识到这件事情的严重性，以及对方给我们自身所带来的影响，大多数情况下对方也就会主动收回之前的不合理请求，从而达到我们委婉拒绝对方的目的。

其次给对方一些建设性意见，转移矛盾目标。在大多数情况下，对方向我们提出不太合理的请求，是因为对方想不出其他的办法，或者是因为向我们求助显得更加“便捷”。这时候我们就要学会转移矛盾目标，让对方意识到寻找我们帮忙或许会产生更多“麻烦”。具体操作如下：我们可以选择帮对方寻找更加

“便捷”的解决方法，以此达到转移对方目标的目的；也可以选择让同事向其他人求助，表明自己比较“麻烦”。这样我们就算最后没有能够帮到对方，甚至提出的意见也没有产生丝毫作用，至少给对方留下一个“积极帮助”的好印象。

最后注意自己拒绝时的态度及语气，让对方感受到我们的温和与坚定。我们在拒绝同事不合理请求的时候，一定要语气坚定，不能给对方留下商量的余地。如果我们先给对方留下“希望”，最终却无法达成对方期望，就会让对方更加埋怨我们。同时，我们在说话的时候态度一定要表现得温和，让对方感受到如沐春风般的温暖，给对方留下一种“不是我不帮忙，而是我实在帮不上忙”的感受，这样对方自然会知难而退。

面对同事不合理的请求我们得主对拒绝，但也完全没有必要让对方感到难堪，影响到彼此的关系。只要我们在拒绝对方的时候注意说话的方式，多多站在对方的角度考虑问题，就算我们不帮忙也会收获同事的感激。

下篇

独处守心

第七章 不要因为走得太远，却忘了我们的初心

1. 当初，我们选择远走他乡是为了什么

《月亮与六便士》中写道：“追逐梦想就是追逐自己的厄运，在满地都是六便士的街上，他抬头看见了月光。”我们选择离开自己的家乡，去另一座城市打拼是为了什么？是为了远大理想，还是为了逃离过去？或者为了一个坚定的理由，为了不达到目的不罢休。或者是毫无理由，可能只是看见别人都这么做了，我们也就决定这么做了。不管理由是什么，都不能阻止我们前进。但在求学、求职的过程中，会有许多诱惑等着我们。在这个物欲横流的世界里，我们一不小心就可能掉入金钱的陷阱里，而忘记了自己的初衷。

李炎的志向是成为一名电影导演，这个理想对于刚刚毕业的李炎来说虚无又渺茫。李炎在学生时期和社团里的几个同学一起拍过微电影，那时候的李炎志向满满，对微电影的每一个镜头细节反复琢磨，学生时期社团的经费有限，拍的片子或许粗糙但是诚意满满。为了拍出好看的镜头，李炎看了许多电影相关的书籍，没事就在宿舍写写剧本。

一晃四年过去了，毕业后，李炎到了一线城市来寻找他的理想。他找到了一份网剧工作室的实习生岗位。李炎对这份工作充满热情，但工作室经常因预算不足把拍到一半的一部剧停滞几年几个月。李炎对这些辛苦了几个月而半路“腰斩”的项目很是不满，但也无计可施。之后，李炎又参与到别的制作组去，或自己导演拍戏，但总是因为一些外因妥协。然而妥协的结果是他拍的东西根

本没人看。煎熬了几年，随着身边的积蓄越来越少，李炎对创作失去了热情，他把事业的重心转移到了其他方面。一次聚会，他在朋友的请求下投资了朋友的饭店，做起了餐饮生意，渐渐地忘记了当初来这座城市的目的。

我们或许曾执着于一件事情，当时的我们斗志昂扬，立志不做成功不罢休。随着年岁的增加，渐渐地，因为一些原因我们的思想发生了改变。在这个五彩斑斓的世界里，选择很多，可以得到的东西也很多，我们逐渐迷失了自己。

有人说："小时候的理想是个梦，都是理想的浪漫主义者，那时候我们的心灵是无知而胆大的，身体是自由而张扬的。而经过时间的流逝与打磨，现在的我们仿佛换了一个模样，就不知道能不能记起曾经的自己了。"现在的我们驻扎在城市的角落里，很多人经历过或正在经历的事情是拥挤的地铁，十块钱的煎饼，昂贵的房租，熬夜加班，脱发失眠。有时候我们的父母这样问，你这样混着什么时候是个头。但很多人都是有理由的，为了一个理想，或是为了实现自我的价值。

王丽丽出生在农村，因为家庭贫困王丽丽只念到初中文凭。这个环境下的王丽丽只能在二十多岁的时候，在本地结婚生孩子，种庄稼卖菜。但是她不甘于一直待在家乡，于是她拒绝了父母的安排，打算去城市里打工赚钱。

她来到一个沿海城市，一开始因为文凭低找不到更好的工作，于是她尝试去做销售。开始的时候，底薪只有一千多一点，提成也只有很少一点点，慢慢地王丽丽认识的客户越来越多，工资也越涨越高。王丽丽在这个城市工作了十年多，攒钱买了一套房子，并且找到了自由恋爱的对象，结婚生了一个女儿。

时至今日，仍然有很多人不甘平庸，想要出去闯荡一番。有些人实现了自我价值，始终把目标铭记于心。有些人尝试过了，努力过了，换来的却是失败。而后来，大多数的我们都过着差不多的平凡的日子。

我们的理想或大或小，我们曾为这些背井离乡的目标奋斗过、拼搏过。不管结果如何，无论过程是苦涩还是甘甜，重要的是我们尝试过了，这在我们平凡的生活中将会留下浓墨重彩的一笔。正如毛姆先生所说："我承认那些平淡的人生的社会价值，我也看到它井然有序的幸福，但是我的血液里有一股强烈的愿望，强烈的希望拥有放荡不羁的旅途，渴望更惊险的生活。"所以，即使我们现在过得平淡、淡然，也不要忘记曾经的旅程，不要忘记我们曾经追逐着和向往过的生活。

2. 每天都很忙，却不知道自己在忙什么

我们身边是否有这样一群人，每每问他们在做什么的时候，他们会说："在忙啊！""那忙什么呢？""反正很忙啊，忙得没时间和你说话啦！"

这让我们产生了这种感受：我做了很多事，但是我一样也没做好，也不知道我做的是什么，没有目标，没有方向，在生活中像个瞎忙一通的无头苍蝇一样。等我们闲下来了，会发现那些看起来优哉游哉的人过得反而比我们好，我们虽然忙得不可开交，却得不到别人的成果。这种没有意义和任何作用的忙碌，可以称作是"假装忙碌"。

李方舟这段时间经常加班，公司正赶着做一个项目，前期的设计出了问题，大家忙着开会研讨，重新做概念，后期的预算也要跟上。李方舟全程跟着做项目，哪一个环节都不想落下。李方舟本是组长，但她担心组员做得不到位，于是将大部分的重要任务留给自己做，只把简单的工作留给组员。李方舟的同事请假去做手术，李方舟就暂时接替了同事的职位，一个人做两个人的任务。结果这个项目还没做好，上司又安排了另一个任务。李方舟每天加班加点，弄得焦头烂额，结果哪一个项目也没做好。

假装忙碌的背后是一种价值感的缺失，不知道自己在忙什么，也不知道自己做的事情有什么价值。如果我们无法在这些价值取向上衡量大小，最后的结果只能是在不确定性中继续焦虑地忙碌。

在图书《断舍离》中有一个中心思想就是舍弃，舍弃一些我们不常穿的衣物、不常用的家具，舍弃一些多余的事物，用来改善现在的生活。同理，在这个信息大时代，新鲜的事物太多了，选择太多，我们需要做的不是全盘接受它们，而是要留下有价值的目标，舍弃不必要的忙碌。

季立臣去了一家外企工作，主要负责东南亚部分地区的市场贸易。季立臣经常出差，刚开始时他对东南亚的当地方言毫无对策，对市场贸易的工作也是做得磕磕绊绊。季立臣很少睡眠，每天加班加点泡在公司的图书馆里学习前辈的案例。为了节省时间，他早上和中午不吃饭，只吃晚饭，每天做末班车回家，回到宿舍也不能安心睡觉，开着手机，担心错过客户的电话。

季立臣因长期生活不规律导致胃病发作，住进了医院。公司给了他几天假期，在医院养病期间季立臣冷静地思考了自己的问题，发现自己工作的方式出现问题。季立臣这几天制订了有规律的工作计划，他把休息时间提上日程，一日三餐照吃不误，每天早上起来晨跑吃早餐。工作上他把工作适量调整到不多不少，专攻一个项目。就这样季立臣学到了不少东西，身体也慢慢调理好了。

对于“假装忙碌”的人来说，最需要的是调整自己的心态。

首先，行动前需要条理清晰，避免浑水摸鱼。

很多人因为“懒”得想，“懒”得去安排太过清晰的目标。觉得只要行动力到位，就算今天没白过。但这是错误的，没有意识的行动力如同行尸走肉。为了防止这种瞎忙再次出现，我们要制定清晰的目标，整理好规划。再根据这些去行动，而不是东忙一下，西忙一下。

其次，行动中做到“断舍离”和“随意点”。

在行动中也要学会“舍弃”，舍弃多余的目标，加入有收获、有价值的目标。给多余的行动做减法，直到把自己真正想要的计划强化出来。这期间我们需要不断纠正曾经的过错。错的，浪费时间的事情，我们需要摒弃。“随意点”是一种人生态度，当我们用“断舍离”舍弃一些不必要的事情，剩下的就是重要的事情了，既然是重要的事，就我们需要用尽全力去做。当我们做好重要的事情时，剩下的时间需要放松精神，不要让我们的身体时刻处于忙碌状态。这就要做到遇事随意点，面对一些不必要的事情，可以秉持这种态度对待它们。

最后，心态上保持心境平和。

前文说到现在的社会发展快速，我们有太多选择，太多通往成功的途径。当发现一件有新鲜感的事情大家都想去尝试，当发现身边的人事业都做得风生水起，我们不免烦躁，静不下心来。这时候需要调整自己的态度，记得做事要排除杂念，集中注意力，静得下心，守得住气。要记住贪图爽快不会有好结果，所有的成功都需要一步一步扎实地去前进。快捷的成功会像海市蜃楼一样转瞬即逝，只有认准目标，踏实地去实现，才能实现自我的价值。

总结下来，就是无目标、无计划的忙碌不会有好的结果出现。认准目标，保持从容不迫，沉着冷静地制订好计划，踏实地前行，才是我们应该去做的。

3. 别让未来的你讨厌现在的自己

十年前我们想象自己是大英雄，超人、蝙蝠侠、哆啦A梦。十年后现实生活的我们是大雄，是哥斯拉，是普通的凡人。时光飞逝，我们的步伐越走越远，距离过去的自己是进步了，还是退后了。

十年短暂又漫长，我们是否在盼望着未来的自己，同时又浪费着我们宝贵的时间呢？伯尔说过：“消磨时间是劳累又可怕的一件事，时间以肉眼看不见的速度在地平线运转，你在醉生梦死，它依然不会为你停止。”每当我们虚度光阴的时候，是否想过未来的某一天我们会厌恶过去懒惰的自己。

李奎在长辈的建议下报考了某所大学的热门专业，但其实他并不喜欢自己所学的专业，于是上课时浑浑噩噩，不好好学习专业课，没事就窝在宿舍里打游戏、看电影，经常熬夜到凌晨三四点。第二天起不来，他就翘课。就这样他经常翘课，大四的时候，学校统一校招，他想着毕业以后再找工作，就没去参加。班上的同学大部分都去实习，李奎依旧在宿舍打游戏、看电影。毕业之后，李奎什么技能也没学到，也不主动去自学。就这样找工作的时候高不成低不就，找了半年多也没有合适的。然而李奎的同学有的已经升职加薪，有的已经自己创业一年多了。李奎这时再懊恼已经晚了。李奎只能从头来过，花更多的学费和精力去考研。

沉醉于悔恨当中不如在当下就把选择做好，给我们自己留一条后路。要时刻记住，现在的选择会影响到我们以后的路。不要等到追悔莫及的时候再去选择改变，那时的我们错过最恰当的时间，能否静下心来去努力都是一个问题。

在综艺节目《极限挑战》中，有这样一集，嘉宾回到过去体验生活。时间背景设置在 1977 年宣布恢复高考那一年，那些在乡下做农活的知青们得知这一个消息，纷纷准备报名。

在节目中的嘉宾演示了当年艰苦的学习环境，他们去废品收购站换书，在乡下的茅草屋里借邻居的油灯看书。然而没有了系统的学习环境，只能自学的情况下，依旧有许多的学生们考上了理想的学校。就是这一个举动改变了很多人的命运。

现在的我们有各种各样的选择，机会也越来越多了。我们应当好好珍惜现在的学习环境，把握好身边的机会并努力奋斗。在未来的某一刻想起曾经的自己，会为当初的那分执着感到自豪。

那么，在通往未来的路途中，有些话需要共勉。

首先是说给正在奋斗中的我们。当我们感觉不到未来的尽头，却还在努力拼搏的时候，我们要相信坚持熬过最艰难的这段日子，就能收获令人感动的结果。所有的回报都会在拼搏中得到答案，值得去奋斗的事情，没有捷径可走。

其次是说给迷茫时的我们。要学会一步一个脚印，踏踏实实地做事情，当我们的才华配得上理想的时候，迷茫是不存在的。趁着年轻就从小细节开始补充自己的能量。

再次是说给失意时的我们。当我们知道有些事情再怎么拼搏也无法达到预期的时候，我们要选择冷静。当我们明知道无能为力还会竭尽所能去做的时候，就不会失意而是释然。

然后是说给拥有拖延症的我们。如托尔斯泰所说："只有一个时间是最重要的，那就是现在，它之所以重要是因为它是有所作为的时间。"本该是现在做的事情就不要留到明天去做，浪费时间损失的不是时间本身，而是我们自己。

最后是说给独自奋斗感到孤独的我们。人本就是孤独的产物，虽然居住在同一个星球，但是我们的精神是自由而独立的，要学会享受孤独，享受独自的乐趣。正如马克斯维尔所说："能与自己娓娓而谈的人断不会感到孤独。"学会和自己相处，在独处中学会阅读和思考。

总结下来就是，为了不让将来的自己厌恶过去的自己，我们需要行动起来，忘记浮躁，拒绝拖延症，脚踏实地地做事情，争取实现过去的梦想。

4. 不要因为眼前的苟且，而放弃当初的梦想

我们是否在为眼前的阻碍放弃当初的理想，在日复一日的操劳中变成了信用卡、房子、汽车和婚姻的奴隶。当初的我们信誓旦旦地说着理想抱负，发誓

不买房，不结婚，不借贷款。我们去远方，去自驾游，去组乐队，去办自己的摄影展。

过多的期望在眼前的苟且当中慢慢地变成了奢望。我们会怀疑自己的理想到底是什么，这似乎没有永久的答案。不管是年少幼稚的理想还是成年时的远大抱负，在残酷的社会压力下，我们好像只能选择放弃，平淡地活下去。或因为工作上的失败郁郁寡欢；或因为亲人的重病痛心不已；或是面对社会不公平的对待渐渐麻木。

纪平过腻了大城市快节奏生活，打算辞职。他的理想就是在大理开一家民宿，每天打理店铺，和来往的旅客谈谈天南地北。纪平说做就做，他把工作辞了，拿了这几年的积蓄在大理租了一个院子开起了民宿。他没想到开民宿这么辛苦，不仅要自己打理房间，还要做饭，收拾院子，给自己的民宿做推广。

他每天凌晨起来去市场买食材，准备早饭，中午开始打扫房间，晚上去做民宿的公众号做推广。刚开始纪平很辛苦但是也很开心，每天能遇到不同的背包客，听他们讲旅游的经历。但是时间长了房客渐渐稀少下来。原来这周围的民宿非常之多，竞争很大，纪平租的院子和别的民宿没什么两样。供大于求，渐渐的纪平经营不下去了，没办法，他只得把房子转租出去，回到了原来的城市，继续打工。但他没有放弃这片“净土”，之后的几年，他每厌烦了快节奏的生活，就会到另一个小城市或者小镇上生活一段时间，这也成了他对自己的一个约定。

生活不会如我们所愿，历尽磨难之后便是阳光正道。这次的困难解决了，下一个困难还会到来。在这里它就像铡刀，在我们不经意的情况下斩断曾经的向往与追求。

所以每当我们深陷困境时，都要告诉自己坚强起来。我们依然需要相信生活，尽力去摆脱挫折带来的沮丧和暂时的失败。

古城的小镇上有这样一家书店，里面的书全是店家淘来的二手书。店面一共不到五十平方米，但陈设精致。店门口立着圆木柱子，上面贴满了店主人写的字，有“今日书店打折，便宜出售”等促销字样，还有店家劝人行善的警句，再到店主自己写得诗词小调，种类繁多，都用棉布条贴着，任人观赏。

书柜里的书一排排放着，也没有特意分种类。有的堆不下了，就堆在地上，看起来像是很久没人打理的样子。但客人每问想要什么书，店主总能从这乱糟糟的书堆里找出来。店主就从这些寻书、卖书中寻找乐趣，仿佛每天都不厌烦。

理想的生活固然好，但是还有些人面对眼前的苟且和未知的梦想，而不知道自己想要的是什么。高晓松对一位迷茫的高才生说过:“要胸怀天下，想想自己为社会能做点什么，而不是去问我们，你该找什么样的工作。”一个高才生在临近毕业还不知道自己想做什么，是一件令人可悲的事情。但是放眼望去，最迷茫的也是那些大学生们。在老师和家长的督促下去努力学习，去努力考试，努力考上一个好大学，而考上了大学又不知道做什么。

在充满功利主义的社会里，很多人丧失了对精神层面的需求。等终于明确了抱负时，又发现自己已经深陷眼前的苟且不能自拔。

我们不要因为一时的温饱放弃曾经的梦想。温水煮青蛙，如果待在温暖而舒适的环境里原地不动，或许在别人眼里我们是成功的。但是，等到迟暮之年，回首再看，发现曾经的自己无聊又无趣，心心念念的事情一直没有去做，那时后悔已迟。所以我们不要沉溺于眼前的苟且，而要牢记曾经的梦想，用行动实现它们，不留遗憾。

5. 不要让安逸的现状，阻止你追寻的步伐

有些人年纪轻轻就选择了安逸的生活，他们的状态基本是这样的，工作轻松，没有经济负担，更没有家人各种无理的催促，这简直是最完美的生活了。在日常生活中，他们觉得玩手机比看书有意思得多，躺在床上看剧比健身简单得多。这些人精准地呈现了“能躺着就不坐着”的生活状态。但这些人又常常会羡慕别人，看见朋友创业获得了巨额融资就羡慕朋友运气好，看见同事升职加薪了就羡慕朋友能说会道、会拍马屁。他们在心里会暗暗着急，但仅仅只是着急而已。这样乐于安逸的人根本不愿意去付出，却光想着白白获得成功。

刘洋在居住的城市找到一份稳定的工作，工资不算太高，但是工作量很少，刘洋每天按时上班按时下班，从不多逗留，工作没什么含金量，这几年混混日子，觉得自己过得很滋润。

他的父母在他刚刚毕业的时候就给他买了一处房产，以后的居住保障不成问题了。现在的他安于享受这一切，没事在公司偷偷打游戏。但这一切截至到年初公司的大换血，上司招聘了一群“新鲜血液”。裁员的时候，上司见他没给公司带来什么利润，便把他辞退了。

而经过这几年安逸生活，刘洋什么也没学到手，反而退步了。这时的他很迷茫，再去面试同样的职位时，各大公司的要求提高了不少。而刘洋除了这几年的经验以外，剩下所有的技能都不达标。看着过去的朋友事业越来越如鱼得水，失业的刘洋悔恨不已。

我们是否一下班就拿起手机开始刷微博、看视频、打游戏？一个晚上一转眼就过去了。一到休息日就仿佛“瘫痪”过去，直睡到下午三点，点一个外卖

就再也不会出门了。更别说去健身房锻炼形体或者在楼下跑几圈了。就这样生活在安逸里，没有了激情，久而久之开始不对生活有所期待，毫无追求。开始熬夜，开始脱发，开始长痘，开始肥胖。充分表现了死于安乐的现状。

综艺节目里，有一期讲的关于母亲的话题，请来了一些女性嘉宾。其中一位嘉宾的职业是飞行员，她是国际被记录在册的女飞行员。她在女儿成年的时候教女儿开飞机，在场的其他嘉宾纷纷羡慕她女儿有这么酷的妈妈。而没想到的是，这个不安于现状的母亲曾经上学时的专业却是和飞行毫不相关的，她为了自己的理想自考的飞行员，并且凭借自己的奋斗，在航空公司工作了十几年。

当问到未来的理财方式时，她在节目中说："未来的日子要把大量的金钱投资给自己的大脑，还会考学，学习新的技能。"她还说："钱是会贬值的，而能力不会，只有不断地武装自己大脑的知识，提高技能，才是我所认为的理财之道。"

安于现状不代表一辈子就会安全，社会的竞争那么大，安逸只会使我们被别人悄无声息地超越，那些比我们优秀还比我们努力的人比比皆是。而有人说我们出厂配置就输了，起跑线都不一样，怎么去比较。然而即使条件比我们优越的人，还是会不满足于现状，选择为自己的理想与抱负而奋斗。

《欢乐颂》里"曲妖精"本来是个富二代，但是她为了创业公司加班加点地谈合作，她在戏里有这样一段台词："我家里这么有钱，我最有资格混吃等死了，不还是照样拉着行李满世界找生意，过年什么的在赚钱这个机会面前都是可以忽略的。"然而我们本应该奋斗的人，却做着混吃等死的日子，在安逸中享乐。所以不要再抱怨世界的不公平了，尽管起跑线不一样，但奋斗值不是老天赋予谁的。有这样的结果，必有其导致的原因。在成功的道路上，时间是最具有证明力的判官。

所以我们现在最要紧的事情是放下手机，走出房间，去感受生活带给我们的变化莫测。拒绝安逸，不要停止向前奋斗的脚步。安逸只会使人堕落不堪，而奋斗的脚步是社会前进的动力。萧红说过："生来何必久睡，死后自会长眠。"我们没有萧红那个时代的艰苦，比那个时代的人多出了更多的机会。所以我们更应该珍惜每一天的时间，用时间来证明自己的价值与抱负。不要躺在床上盯着别人的脚步看了，现在就行动起来吧。

6. 不被人看好的梦想，更有实现的价值

人们总是按自己的认知去评价事物，却不去主动了解事物本身。而我们总是梦想，在还没付诸行动时，就被家人和朋友否定过无数遍。在我们放弃的同时，有些人却真的付出了行动。

历史上很多不被人们看好的事情，在一些人的努力下就这样成功了。最具有代表性的历史事件就是绝壁长廊的诞生过程。

在村委书记的提议下，山区的一个村子里提案决定开凿公路。

事情从郭亮村说起，郭亮村建在河南一带的悬崖峭壁上，海拔足有一千多米，因交通不便，给村子带来了极大的困扰。郭亮村的祖先来河南新乡一带避难，特意选在了这个三面环山一面对着悬崖的地方，虽然巧妙避过了灾难，但是却没给后人留下出行的方便。

多年过去了，随着人口的增加，村里唯一的出口显得不那么管用了。出口紧挨着悬崖，没有任何的安全措施和防护栏，稍有不慎就会掉下去。村里的人决定凿穿悬崖，开一条安全的道路。

这一提案一出，受到多方阻挠，当时的环境异常艰苦，这个提案在邻村庄和领导眼里简直是天方夜谭。但是郭亮村民拿出了"愚公移山"的劲头，他们的理念是这一代人挖不出来路，就让下一代人去接替着挖，总有一天道

路能通的。

就这样，历经了五年多的开凿，这一艰难的工程终于完工了。由于当时的条件艰苦，每次开凿只能有十几个人的站立位置，郭亮村的人民就轮流去值班。没有机械辅助，就手动开凿。年轻有力量的人就去凿山，体弱的就在后面捡石头搬运，这条道路留下了无数郭亮人民的汗水。之后的几年里被外乡人所发觉的郭亮村，成为我国有名的旅游开发景区，这条道路被称为绝壁长廊，郭亮村人民的精神还被拍成了纪录片。

就如同郭亮村的精神一样，当我们有一个信念想要去完成的时候，不要管别人的阻拦，只勇敢地去行动，不管是十年还是二十年，但只要做到了，就不算是被遗弃的梦想。就如苏轼所说："古之立大事者，不惟有超世之才，亦必有坚忍不拔之志。"想要实现自己的价值，就要有坚持的信念，和不畏惧旁人眼光的勇气。

参加《中国诗词大会》这一节目的选手不仅有还在念书的中学生、高才生，还有农民、工人等各行各业的素人。雷海为的职业就是外卖小哥，他平时喜爱读书，特别是诗词方面的。休息日时，他就去书店蹭书看，看诗词时就把内容背下来，回家再默写一遍。工作中等餐和休息的时候，他会拿出诗词一本本地读着。

当他站在擂台上挑战北大硕士的时候，相信他能够赢得比赛的观众不多。但是雷海为凭借十几年诵读诗词的累积，在比赛中对答如流，这大大改观了观众的刻板印象。他也赢得了一波又一波的掌声。

董卿感慨地对观众说："你在看书上花的时间会在往后的生活中给予你回报的。"

不被人看好的梦想，才拥有更加坚实的动力。不被人看好的事情有很多，如果我们限制在别人的眼光里，就此停滞不前，实在太愚蠢了。世界上的人那么多，当我们怀揣着梦想去另一个陌生的城市打拼，彼此都互相不认识对方，我们又何必在意那些曾经阻拦过我们的人。

2016 年荣耀手机开始自建线下渠道，抛开华为自立门户。这一举动不被大家看好，原来销量第一的排名骤降，从日均八十万店铺流量下降到三十万。看着日渐减少的流量，荣耀的团队并没有放弃这次独立店铺的计划，在团队夜以继日的努力下，2017 年荣耀手机销量超越诸多对手，成为购物网站的销量双冠军。

在不被人理解的道路上总是孤独的，我们需要调节自身的心态。首先要知道自己想要的目标是什么，在追寻的过程中能否获得快乐与成就感。如果答案是肯定的，那就尽力去实现它们。既然已经知道自己的所想所要，便以坦然的心态去面对一切。

7. 实现梦想，从来没有太晚的开始

我们经常会看到这些励志的新闻，40 岁开始学绘画，50 岁考大学，70 岁当模特，我们或许感慨，人这么容易就会变老，明明还没做出什么有成绩的事情呢。或许会羡慕这些人如此勇敢，明明在这个年纪应该享受天伦之乐，却开始了新一轮的奋斗。

我们的父母或许会这样安慰我们：以后不求你挣多少钱，找一份稳定的工作能养活自己就可以了。如果我们听从父母的劝说，在刚刚开始奋斗的年华去选择先找一份稳定的工作，想着以后的路还长，可一晃就到了临近退休的时刻。不管是什么原因我们都不应再在时间的流逝中犹豫徘徊，而要用行动去实现多年期盼的愿望。

刘淑芳是农民，做了一辈子的苦活累活。从上山采药到下地种菜，再到喂猪饲禽，养育家里老小，多年的劳累使她的腰直不起来了。好不容易坚持到儿子考取了大学，找到工作赚钱，娶妻，刘淑芳家里的条件也渐渐富裕起来。

儿子把刘淑芳接到身边照顾，这时闲下来的刘淑芳应该和这小区里附近的老人一样，每天领着孙子遛弯，送孙子上兴趣班，回家再跟着“组织”跳广场舞。但刘淑芬有一个隐藏多年的愿望，她想去读书。早前她因生活贫困无法读书，后来为了养育家庭就开始辛勤劳作。这时的她闲下来了也有钱去上学了，便有了想去上学的冲动。

刘淑芳思来想去，找来儿子倾诉自己的想法，儿子欣然同意。在儿子的帮助下刘淑芳报名了老年读书班，她年幼时上过几天学认得简单的汉字，虽然这些书籍看起来很费力，但也不是全然不会。刘淑芳又报了书法班学习练字，这一改变像是又回到了从前忙碌的日子，但刘淑芳却感到充实有趣，也不再像过去那样枯燥无味。

经过几年的学习，兴趣班的老师鼓励学生办展览，刘淑芳的书法作品也在其中。

杨绛先生说过：“走好选择的路，别选择好走的路。”即使年华不再，我们也要选择自己的路走下去。梦想永远没有太晚的开始，哪怕已到垂暮之年，只要心中的梦想不灭，就不算太晚。

刘艺出生在二线城市，父母是普通工人，在刘艺那个年代很多人会选择去念职高和技校，从这些学校毕业的人会被分配单位。他学习很差，便去了技校，毕业后他被分配到铁路，有了一份看守装车、卸车的工作。刘艺在工作的几年中找不到丝毫乐趣，他想：混日子不如出去闯荡一番。辞职后，他做过服务员，送过外卖，当过出租车司机。他还做过卖古玩的工作，经常跟着老板跑到外地淘新货，风吹日晒不说刘艺感受不到自己奋斗的价值。几年下来刘艺林林总总换了不下十几份工作。

直到一次朋友聚会认识了作为摄影师的季衡，季衡在本地一间婚纱店工作。闲聊中，季衡给刘艺看他前些日子拍的私图，令刘艺惊讶的是季衡平时拍的照片和婚纱影楼里的风格完全不一样。构图和颜色是刘艺在大众网页上没见过的，刘艺小时就对图画很感兴趣，这时一看就喜欢上了。

刘艺跟着季衡买了相机研究，越研究对摄影便越感兴趣。听说季衡薪水不错，刘艺也想着转行。但这时的刘艺已经三十好几，单身而贫穷的他，在父母的催婚和还房贷中艰难生存。刘艺犹豫了许久，决定利用下班时间自学摄影。

慢慢地刘艺的摄影技术逐渐成熟，从免费拍照到一套摄影集几万块。刘艺终于成为了独立摄影师，他攒够积蓄开了一间工作室继续他的摄影之路，对摄影的热情丝毫没有减退。

许多耳熟能详的名人都是大器晚成的典型，渡边淳一将近 30 才开始写作，齐白石临近晚年才拿起画笔，陶华碧50岁才开始创业，李安30多才写出《推手》的剧本，晋文公60多岁才当上国君。现实中我们容易向安定妥协，退缩了步伐，然而许多人并没有放弃身边的机会，这无数的成功案例向我们表明，只要积累经验跟着自己的内心走，多晚都可以为自己的梦想付诸行动。

8. 暂时妥协，是为梦想“活”下来

如果拥有坚持的信念，妥协只是暂时的。很多奋斗中的人理想中的生活和目标往往充满美好与不切实际，当残酷的现实与客观条件制约着我们时，就会很难前进，一味地坚持只会遍体鳞伤，深陷泥潭。我们不妨妥协在当下，稳住实力降低自我的预期。先解决现实的生存问题，储备自身能力并厚积薄发。

画师李玉从懂事起就爱上了绘画，他习惯拿起画笔记录生活点滴。家庭贫困，父母的阻拦也没能让李玉停止绘画的脚步。为了磨炼绘画技巧，他经常熬夜，每天都要花费十几个小时的时间来练习绘画，磨破手指的事情时有发生。

根据家人的意愿，他大学报考的是机械工程专业。但他上学之余，也没停下手中的画笔。室友打游戏时他却在宿舍画到通宵。毕业后，为了更接近绘画，他先选择了去游戏公司做后期三维模型。李玉想着后期比纯画画工资高些，于是打算先赚钱能够养活自己，再转到前期设计绘画。于是李玉一边工作一边自学游戏概念设计，经过几年的努力，李玉的画作得到公司的认可，转到了前期设计绘画当中。李玉参与的一些游戏项目热卖，他设计的概念图也被更多的关注者看到。李玉接受采访时讲述了自己艰辛的创作历程，许多初学者都视他为奋斗榜样。

暂时的妥协可能不会影响未来，反而会离我们的梦想越来越近。在这世上吃苦没什么坏处，它能让我们更好地珍惜安逸的滋味；忍耐也没什么不好，梦想也需要时机的等待；平淡的日子也不算是虚度光阴，它能让我们知道成功的那一刻有多么绚烂；妥协也不意味着无所事事，它是让我们等待最佳时机。

宁才宇有一份不错的工作，环境稳定。但是近几年掀起了创业热，宁才宇也有了创业的冲动。由于没有人脉也没有经验，宁才宇四处碰壁，便打算和别人合伙。他和朋友做搭档，开了家网店卖女装。网店虽然上手容易，但过程既忙碌又劳累，寻货、拍照、上架、售后，几乎没有休息时间。好在利润大，没多长时间二人也赚了些钱。宁才宇本以为网店营业会一直这么顺利，结果二人本来很看好的一款卫衣上架后销量惨淡，囤货严重的公司再没有更多的资金周转，宁才宇甚至抵押房子贷款经营店铺。朋友不堪压力撤股，供应商不巧也换了股东，合作没有之前谈得顺利。临近破产的公司和大量的贷款压得宁才宇喘不过气来。

他只得关闭公司去找工作还债，白天上班，晚上出去做兼职，摆小吃摊、做司机。就这样忍辱负重了好些年，宁才宇觉得债还得差不多了，便继续思考创业的问题。他冷静思考了之前失败的原因，经验不够，人脉少，等等。他为了改善解决这些问题，便抽时间学习知识和丰富经验。这时候宁才宇觉得这一次创业不会像上次那么惨了，只因他变得更小心谨慎，心态更强大。

在面对无法逃避的妥协时，要记住这只是为了未来的某一刻，去更坚固地完成好我们想要去做的事情。妥协不等于懦弱，妥协只是一种储蓄能量的方式。所以不要厌恶和逃避妥协，积极地面对它们。

在无法做出更好的选择时，妥协也可以让梦想从另一种方式出现在我们面前。求同存异是一个很好的办法。就像很多喜欢唱歌却去做演员的人，可以把自己的梦想当作副业在努力，在演戏的过程中给音乐的创作寻找灵感，当达到一定高度的时候，便会迎来完成梦想的时机。再比如写小说的人，大部分作家是副业写作，但他们的创作灵感总是源源不断的，这大概是因为他们在创作中拒绝闭门造车，寻找另外一份职业来减轻生活的压力，并且这些生活阅历给他们的小说创造了许多灵感。比如写科幻小说的刘慈欣，主业是计算机工程师。写《卡罗尔》的帕特里夏·海史密斯曾在百货大楼上过班，她遇见了一位美丽的金发顾客，留下深刻的印象，因此产生了创作灵感。

由此得出，妥协并不等于坏事，也可能是为我们增长社会经验的好事。当下的科技飞速发展，竞争压力下多拥有一分经验，多一项一技之长。正确的妥协方式会拉宽我们的知识面，长此以往我们会向多元化、多趣味的方向发展。在面包与梦想之间取得平衡，在理想的支撑下持之以恒地付出，坚信不久的将来梦想就会“活”过来。

第八章 不因别人的建议，屏蔽自己内心的声音

1. 做自己而不是演自己

生活就像电视剧，我们每个人都是自己的主角。我们在面对家人时是“乖巧可爱”，我们在面对朋友时是“活泼开朗”，那我们在面对自己时是什么样子？很少有人仔细研究过自己独处时是什么样子。生活太忙碌了，要去面对的事情太多了，我们仿佛在为自己设立一面保护墙，墙的外面是枪林弹雨，墙的里面脆弱不堪。

安德烈·纪德曾说过这样一句话：“宁可做自己被讨厌，也不要因假装而被喜爱。”但对于大多数人来说，都认为以别人想让你成为的方式生活，总比完全成为自己来得容易。大众总比异类安全些，异类要花十年的时间被人们所理解，而大众只需淹没在茫茫人海中隐藏自己的特殊。在多本书籍中提到的媚俗很适合解释这一现象，媚俗时常出现在我们周围。缺乏自我，附庸别人的思考，随波逐流在世间，喜欢迎合别人和跟风潮流。但我们是否喜欢这样“乔装打扮”的自己，还是为许久不曾卸下的包裹深感疲惫。

金臣热情开朗，朋友众多。为了掩盖空虚的内心，他不断地交朋友。虽然都是些饭桌上的朋友，但金臣也隔三岔五地联系他们，通常是一顿饭下来，饭桌上有一半的人都不认识。金臣内心里不喜欢这样的生活，但他觉得这样才是社交达人。

他会站在朋友的立场上评判事情，虽然他觉得这样做是不对的。他看见时

下流行什么就赶忙买来，金臣觉得这样会显得自己很懂得时下潮流。很多人羡慕他的社交能力，朋友一提起他，都说金臣这哥们儿我认识。他在外人眼里是个风趣幽默，交友众多的时尚达人。但只有他知道，回到家以后的他，沉默寡言得像是换了一个人。

面对做自己还是演自己，每个人有不同的选择。大部分的人会选择去“表演”，大家都知道表演是用来观赏的，那表演型人格就是典型的渴望获得旁人的关注，因自己的能力引起旁人的注意甚至夸奖，内心就会得到极大的满足感。几乎大部分人都会有这样的心理，像小时我们考满分希望得到家人的夸奖，穿漂亮的衣服希望得到朋友的瞩目和夸奖。长大了，获得成就希望得到下属和同事的仰慕或夸赞。

而少部分的人群选择取悦自己，这种人不在意别人的看法，只在意自己的利弊得失。别人的成功和失败都不会影响到他们，这种心态很好地避免了用表演去获得满足感。

刘芳宇从事英语翻译这一行，她每天需要穿公司的制服上班。由于平日里穿不到好看的衣服，同事之间便掀起一波炫包热。小张今天买了香奈儿，小怡明天背了纪梵希。但刘芳宇大部分的工资都用在生活费和还房贷上，买包对她来说是一种毫无意义的事情，刘芳宇觉得二十块钱的包背着也挺好的。

价值观的不同让她成了同事眼里的异类，大家都以为刘芳宇家庭很贫困，舍不得买贵重的东西。一次去外地出差，同事让她帮忙带专柜的化妆品，刘芳宇按照同事给的参考照片买了一些回来。这件事拉近了刘芳宇和同事之间的距离。刘芳宇很健谈，她会把自己发现的好吃的小吃告诉大家，周末一起和大家去吃美食。渐渐的同事了解到她对奢侈品的观念和自己相反，也开始表示理解，刘芳宇也不时夸奖大家的衣服好看。她既保留了自己的爱好，也获得了大家的好感。

还有极少数人是既不在意别人的眼光也不在意自己的得失的，他们只追求精神世界的满足。但这样的人少之又少。我们只需要避免虚伪的表演去为自己而活就够了。

畅销作家保罗·科尔贺说过：“不要再做过去的你，要成为真正的你。”我们应在做好自己的同时，看向未来，把握好自己的命运，保持独立的人格。学会面对真实的自我，拒绝伪装的人格。

那么想坦然地做真正的自己，又想在周围的环境里生活得游刃有余。必要的事情是要保持和外界的交流，学会融入、平等地看待他人的生活方式。每个人都不要轻蔑和鄙夷别人的生活方式，但也不要停止追逐自己的理想生活。

2. 不必讨好所有人

得到所有人的喜爱是根本不可能的，就连人气爆棚的流量明星也会有人喜欢有人不喜欢。想讨好所有人的想法简直是对自我的极度不尊重，更显现出一种极度的自卑。我们越是倾尽全力地去讨好，越可能成为那个最先受伤的人。

张凯瑞生在离异家庭，和父亲与继母住在一起，压抑的生活让她一直有自卑的心态。张凯瑞为人热情，爱为朋友操心，朋友都给她起了个外号叫“老姨”。

张凯瑞在朋友的朋友中认识了一位学妹，互相加了电话，平时也不怎么联系。体育测试的时候，学妹突然联系到张凯瑞，她知道张凯瑞经常勤工俭学，去给别人“代跑”，学妹以身体不适的理由想请求张凯瑞帮她完成跑步测试，张凯瑞很难拒绝，便帮了这个忙。结果学妹不仅没给任何报酬，连一句“感谢”的话都没说。

身边的朋友的友谊固然需要珍惜，但对有些人的讨好是没有必要的事情。就像张凯瑞的学妹一样，在这些人眼里所谓的朋友不过是点头之交，困难时想起来的应急工具。

公司的团队最近在做的项目竞争很激烈，小组正是忙碌的高峰期，由于人手不够，方莉莉请求别的部门特派人手过来帮忙。

这位职员从别的部门调过来，经常迟到。方莉莉作为项目负责人决定找这位职员谈话，第一次她只是语气和善地告诉他不要再迟到。方莉莉觉得这位同事既然是别的部门调过来的应该先适应一段时间，便宽容相待。

但职员好像没有时间意识，从参与项目的那天起，就开始持续性、经常性的迟到、早退。忙碌的工作让方莉莉抽不出时间来管理员工，等到项目结束后，方莉莉忍无可忍地告诉他，这个月的工作项目需要扣他两成的工资。但这位员工不但没有悔改，工作效率也是逐渐下降，竟然还提出涨工资的意见，方莉莉最后决定辞退他。

喜欢讨好别人的人内心是脆弱敏感的，总是想着别人的感受，而忽略自己的需求和想法，甚至害怕自己会给对方造成负担，在获得他人的帮助时会自卑并受宠若惊。并且难以拒绝别人的请求，即使他人提出过分的要求，也提供帮助。他们非常在意别人的看法和观点，极少表达自己的态度。经常抬高别人的地位而贬低自己，以获得在人群中的安全感。

自己有这种喜欢讨好所有人的毛病，怎么办?

首先，内心默念“拒绝讨好别人”。

经常性讨好别人的人，在旁人的眼里是乐于助人，无私奉献，从不会拒绝别人的人。就像《芳华》里的“万金油”刘峰一样，长期的无私奉献，会让别人觉得我们的帮助是理所应当的，当有一天我们想表达自己的欲望时，他人会认为这是不应该的。

我们需要从此刻起告诫自己停止讨好任何人，在正常的社交中，我们应在保持包容与友善的心态的同时，学会拒绝别人。当别人提出要求，我们不情愿去做的时候，一定要及时开口说“不”。在与人交谈时，我们要做出互相平等的态度，避免摆出低人一等的姿态。

其次，填补“虚无主义”，满足精神的充实。

内心的空虚，来自精神世界的匮乏。内心的虚无，是生活的棱角磨砺导致的。可能是来自家庭的冷漠、暴力，生活环境的虚荣与浮躁，比如，家人经常的争吵、暴力，让他们用讨好和躲避的姿态解决问题，长期下来就会形成讨好型人格，因为他们认为这样会使自我安全。这些环境我们要尽量远离，并且在今后的生活中不断用丰富的精神养料来填补内心的怯懦。这需要我们坦然接受生活中的不幸遭遇，而且不要害怕人与人的冲突。越是害怕，越会讨好别人，而得来的结果不一定是对等的付出。

最后，尊重自己，更能得到他人的尊重。

对于讨好型人格而言，讨好别人理应得到相应的回报。但对于其他人而言，讨好别人是不会主动出现在他们身上的。所以我们应该大声说出自己的所思所想，让朋友听到我们自己的心声，这才能促进朋友互相的交流。没有人会费尽心思地猜我们在想什么，除非我们自己说出来。

总结下来，就是敢于拒绝别人，认清自己的懦弱，尊重自己的需求，不必讨好所有人。

3. 没必要因别人的不理解而自怨自艾

小时候大家经常会说“理解万岁”，遇见事情就说“理解万岁”“理解万岁”。而现在不禁想“万岁”的意义是什么，是人人都把得到理解看得如此重要吗？得到理解后的我们会产生多大的安全感？那得不到理解的人们会是什么样子？

要知道不被人理解从来不是自己的过错，不被理解从来是别人的行为感受、别人对我们的看法。当我们被不理解时，产生自怨自艾的心态，这不是个好的心理引导方法。

不被人理解的时候，我们大部分人会越来越疏远对方，对外界产生深深的隔阂感。父母和子女互相之间不信任，朋友之间的不理解，恋人之间的不理解和不信任，是生活中常常发生的事情。

万丽一直觉得别人不理解她，也一直很在意这些小事。万丽小时候和弟弟打架，父母经常让万丽让着弟弟，父母说："你是大孩子了，不要和弟弟一样爱闹。"弟弟玩皮球摔碎了花瓶，把责任栽赃给万丽，万丽否认不是自己做的，父母却批评她不懂事。

自此万丽特别在意别人的看法，她给朋友推荐电影，如果朋友不喜欢她就会特别的沮丧。和男朋友出去吃饭，如果男朋友点了自己不喜欢的菜，她就觉得男朋友不懂自己。在谈论某件事情的时候。如果朋友的观点和自己不一致她会特别惊讶和失望，并和朋友争论不断，渐渐地万丽的朋友越来越少，她自己也陷入了牛角尖里，觉得自己不被世人理解。

不被理解的时候情绪也会跟着下沉，从而产生消极的心态，严重的会导致我们放弃对事物的期待。尤其是来自父母的不信任和不理解这会降低我们的自信心，变得懦弱起来。在这期间我们会变得越发情绪化，负气、发脾气是经常发生的事情。而长期在意别人的不理解，我们的心理会产生负面倾向，对生活的态度呈现自暴自弃的模式，不想好好工作，不想再去认真地生活，习惯用逃避的姿态面对一切问题。

渐渐地我们再也不想解释，不想辩驳，拒绝与别人交流，形成孤独自闭状态。而长期的孤独会脱离社会的轨道，长期的独处模式会导致内心的负面垃圾排解不出去，这让我们变得压抑、惧怕、内心阴暗。

刘敏很喜欢听摇滚、实验音乐，平时穿着也是标新立异，走在街上和别人格格不入。由于刘敏出生在一个传统的家庭，家人的思想是人一定要务实，比如升职、加薪、结婚、生子。而将近30岁的刘敏却赚到钱了就去外面玩，跳伞、滑雪，去非洲看沙漠，怎么刺激怎么来。刘敏的人生格言就是“挑战生活”。这一系列的行为受到了全家人的批评，但她依然坚持自己的爱好，并不受此影响。

她也经常去各地做公益，去郊区种树、去偏远的山区做短期支教，去沙漠的动物救济所当志愿者。期间她认识了很多志同道合的朋友，她并没有因家人的不理解而感到孤单，反而活得越来越精彩。

在我们已经产生别人都不理解自己的心态时，我们应改善心态，避免再次陷入自怨自艾的局面。

首先，我们想要得到别人的理解，就要先去理解别人。别人批评我们，总是事出有因。比如：我们平常会穿一身自认为良好的穿着，但经常受到家人和同事的批评，老土、不精神、邋遢。这时候我们应看清事情的本质，是衣服真土还是旁人的眼光和我们的眼光有所差距。当我们发现别人喜欢的穿衣风格是与自己截然不同的时候，我们就能很好理解别人为什么这么说自己。这也可以说任何人不要随意地对别人评头论足，因为每个人的生活观念都是有差距的。我们不是工厂里生产的机器人，都喜欢同一件事物，都去做同一件事情。所以我们要从自身做起，去学会理解别人的生活，少去评判别人，学会用同理心看待世界。

其次，想要得到别人的理解，我们要做到表达清晰，让旁人听得懂我们想要表达的意思。交流是有必要的，我们无法获得理解，很多时候是因为说话的方式让别人感觉不舒服、不清晰。

所以我们要学会真实清晰地表达自我，要了解自己内心深处所需要的东西。当我们知道自己想要什么的时候，就很容易表达出来。比如，我们喜欢了十年的爱好，吃一种食物，敲一样乐器，穿同一种风格的服装。因为我们长期把精力投入到这件事情上面，我们就会对它很了解，别人问问题时，我们会对答如流，这就很容易得到别人的理解。反之，当我们很难去发现自己真正需要的事情时，会去用否定的语气表达出来，比如，当我们和朋友出去玩时，拿不定主意去哪里玩，我们会表达不去看电影、不去游乐园、不去看话剧。他人的耐心有限，丧失对我们兴趣的关注，互相会逐渐疏远起来。

最后，不需要太在意别人的误解，当我们知道自己真正想要的东西时，就不会把眼光全部集中到别人的看法上。懂得疏通自己的人清楚地知道，被别人理解的时候固然很好，这能拉近双方的距离。但是当对方无法理解我们的时候，也没必要花太多的心思去改变别人的看法，而是选择依旧用自己喜欢的方式生活。

总结下来，就是放平心态，看淡旁人的眼光，被理解或者被误解都是生活中常常遇到的事情，但我们不应为这些小事而压抑自己的内心。要知道在旁人看来，对我们的理解与误解只是一瞬之间的事情，对他们来说无伤大雅，也不会在意。所以我们应该看清自己，丰富自己的能力，而不要光顾着在意别人的一举一动。

4. 不因别人的建议，屏蔽自己内心的声音

身边很多人都有过这样的感觉：人还没叛逆就已经到中年了。在这几十年里，似乎所有关心爱护我们的人都想控制我们的思想。小到择校入岗，大到结婚生子。命运的路途中有千千万万个选择，如果都不用自己去决定，简直是省心又省力。所以我们总把别人的建议当作期盼去完成，总在别人的要求中暗自妥协。

没有主见的人生和咸鱼有什么区别？吃饭要问朋友吃什么好，买衣服也要问朋友什么款式适合自己，很多时候不需要别人代劳的事情，都要依赖别人的

建议来完成。

尚莹莹存了些小钱，她决定带着父母去旅行，出发前她决定制订一份旅行计划。她想问问朋友的建议，朋友说："和老年人旅行最方便的就是跟旅游团了，特别省事，所谓上车睡觉，下车拍照。"尚莹莹虽然想自己带着父母去旅行，但由于是第一次去，心里怕计划做得不周全会迷路或遇到各种麻烦，于是听了朋友的建议订了三人游的旅行团。

开始时还好，尚莹莹觉得三人游还这么便宜，来回的机票、旅店和伙食都是旅行团一手包办，简直是太省心了。但是旅行团有一个弊端，由于是十几个人一起出游，旅行团为了赶时间，每天定在早上六点集合，迟到的人会挨骂。每天出游一半的时间是在坐车，看景点仿佛走马观花，每个景点自由活动时间只有半个小时。伙食和住宿都很不好，玩到一半就被拉到某某商场强迫消费。旅游不仅没得享受，还受苦受累的。尚莹莹很后悔听朋友的建议，又后悔没找到好的旅游团，尚莹莹想早知道这样还不如自己订计划。

早年被人过度保护，过度依赖别人的人，因为缺乏人生经验，无法建立自己的评判系统，早已习惯了不主动动脑子想事情的生活状态。就算自己有不同的意见，也要照搬别人的想法。这样的话如果事情出错了也是别人的错，别人的建议不完善，别人的实践在自己身上行不通，用这样的理由去推卸责任。

但是，我们要知道，朋友的建议只能听取，不要全都照做。别人的建议可能只是顺口一说，没经过大脑，这样的建议并不会带来太多的帮助。其实，听建议不如去主动实践，受了挫折才听得清楚内心的声音。

校招在秋季就蓄势待发，王阳也去学校的临时举办地投简历。这几个月，他仅仅听各类公司的讲座就七八个了。在选择公司的时候，王阳一直纠结是去创业公司还是去VR方面的培训公司。创业公司工资低些，经常加班，VR培训公司得直接交学费培训，而且这个项目是他很感兴趣的一个方向，但是学费昂贵，本身家境一般的王阳开始犹豫。同学说：“去培训吧！反正还年轻，可以多做尝试，怎么都不晚。”

王阳想着还有一年就毕业了，还要交高昂的费用去学一个不太成熟的技术，怎么也不值当。他想虽然自己很喜欢，但也要从实际出发，等到以后有资本了再去学也不晚。于是他决定选择创业公司。之后的一年里王阳凭借这份工作累积了很多经验，工资也翻了一倍。他想如果当时去培训，可能现在还是负债累累，这个选择无疑是对的。

首先，我们在选择之前要看清楚事情利弊，不因盲目听信别人的建议而后悔，也不应天真地看待事物的发展而贸然选择，以免因此而错失良机。

学会倾听内心的声音，才有助于在获取别人意见的同时，找到最好的解决办法。

当需要抉择的时刻，我们应静下心来感受内心的情绪，比如激动、焦虑、期待、迷茫等心理，这会让我们知道自己目前的状态。

其次，找出我们对这些情绪的想法，再“对症下药”。比如我们看见漂亮的衣服会产生兴奋、激动、犹豫、焦虑的心理。兴奋是发现美的第一感受；激动是衣服还没有卖出去；犹豫是价格高昂到底买不买；焦虑是担心衣服被别人买走而后悔。

识别到情绪的本质后，找到哪些情绪是自己真正想得到的，然后用理性的态度看待事情，用科学的数据来证实这些想法的可能性，同时摒弃用幻想来决定事物的对错和成败。从上面的例子来看有三个情绪是想要得到衣服，有一个情绪是放弃衣服。

最后，选择好内心深处的声音，从理性的角度分析过后，筛选出最现实也是最想要的事情，并付诸行动。

5. 不要活在父母的期待里

父母喜欢把自己的愿望寄托在下一代身上，包括养老送终、继承家业、未完成的梦想等。就如高晓松所言："我们成功了，自然希望有孩子来继承。我们失败了，更希望有个孩子，不然自己白来这个世上一回。"我们需要拒绝来自父母的某些沉重的期待，不是所有的期待都是值得付出的。

家人的建议从根本上来说是为了我们好，他们只是按照当年的经验去评判事情，很多选择会站在安全性和实用性的角度去阐述，相比社会经验较少的我们来说实际得多。对于未来的发展，多数父母会求稳定、求长远。我们却想着求发展、求新鲜刺激。父母们最喜欢子女做的工作大多是公务员、老师、事业单位。但我们却更喜欢互联网、创业公司。

被父母叫到客厅的刘郁此刻正在聆听父母兴致勃勃的讲话，原来隔壁楼的音乐老师又开班了，附近好多家长预定了这个兴趣班。隔壁的家长向他们炫耀自己家孩子考了多少级，如何有艺术天分。刘郁的父母也跃跃欲试，想让孩子给自己争一口气。

刘郁的父母问她："你想不想去学乐器？"刘郁小声说："不想。"

母亲生气地说："别人家孩子都学，就你不学，你怎么跟别人不一样呢？"

"说啊，你想学什么，你什么也不想学，跟个废物一样，别人家孩子学习那么厉害，你没倒数就烧高香了，报个特长班以后还多条路呢。"父亲也插嘴说道。

"那有什么乐器？"刘郁犹豫了一下。

"钢琴和手风琴，你选一个。"

"钢琴好啊！"她喜欢钢琴，班里有一个女生会弹钢琴，她特别羡慕。

"钢琴很贵的，我们买不起。你学手风琴吧！隔壁老关家的孩子就学的这个，楼上几个小子也学的是手风琴，还能考级呢！”

还没等刘郁反驳，刘郁的父母已经给她订好了目标。手风琴断断续续学了两年多，本来就没有太热爱这个乐器的她变得越来越消极。她每次看见老师家学钢琴的小朋友都特别羡慕。

两年后这个爱好就半途而废了，刘郁在父母的埋怨下心理阴影越来越大，越来越颓废。

很多父母会采用训斥和过来人的姿态来教训子女，强迫子女去做违心的事情。久而久之有些意志薄弱的子女会形成三个极端的性格：一是性格逐渐懦弱并唯命是从；二是过度叛逆；三是既不拒绝也不行动，虽然表面上答应但心里很排斥，最终形成了浑浑噩噩烂泥扶不上墙的状态。

第一种和第三种多发生在经济基础较弱或中等水平的家庭里，这类子女对父母最常出现的感情是愧疚和感恩，当父母说出“我们挣钱多不容易，你要好好学习”这句话的时候，子女就会因体谅父母的心情而无法拒绝。

父母心态也变得扭曲起来，往往会出现和别人攀比、好面子或者在众人面前贬低子女的行为。

面对父母过多的期待，我们要做出拒绝捆绑人生的行动。最重要的一点是建立独立的经济基础。经济独立是远离父母管辖的好办法，拥有经济基础并不会使父母和子女产生感情薄弱的问题，只是和父母的关系里少了愧疚和过度依赖的心理。

其次，建立自我人格意识，在父母的期待中很多观点会逐渐变质，这需要我们通过自己的发现来建立起良好的三观，树立自我意识，增强自信心和独立的人格，多去学习知识多实践。有些时候父母说再多的大道理，不如我们去实践而撞得头破血流来得明白易懂。

最后，建立平等关系。养育子女和赡养父母是在爱的基础下产生的。父母没有权利控制子女的思想和行为，只因人生而平等。不管是父母和子女的关系也好，还是父母对子女的期盼也好，都是需要我们自己去衡量和选择。

我们不应因父母的过度期盼而放弃自我，也不应因父母的过度施压而放弃对生活的激情。要做到找准长辈期盼的界限，选择自己的人生方向，并为之坚持下去。

6. 选择自己热爱的，而非别人热爱的

我们身边总有这样一些人：热衷于复制别人的生活节奏。他们看见别人的衣服好看就去买一件相同的款式，看见别人喜欢看电影也跟着去看电影，看见别人追星也跟着追星，看见别人买金子也跟着去买，看见别人去考研也跟着去考研。这种没有自我的生活，真的会有人喜欢吗？

林依格与室友第一次见面的时候觉得她特别好看，室友的性格也特别友善，会拉着她谈心，周末也和她一起出去玩。林依格渐渐地把生活的重心放在了室友的身上。林依格发现室友不仅长得好看，穿着谈吐都特别高级，懂得的知识也很多，这让她羡慕不已。她经常问室友的衣服在哪里买的，然后偷偷地买回来穿。室友喜欢吃甜食，林依格也跟着学吃甜食，虽然她以前喜欢辣味食品，但是她现在觉得甜食更加好吃。

一天室友在看电脑，林依格问她在看什么，她说："在看中东建筑的纪录片。"林依格默默记下，回屋里也悄悄搜索相关的纪录片来看，结果看着看着她不小心睡着了。室友发现后说："不喜欢就不要强迫自己看啦！"她说："不，我看这部片子在网上很火的，别人喜欢我也应该感受一下艺术气息。"林依格时刻盯着室友的身影，想挖掘她的一切爱好并安在自己的身上。

最后室友受不了林依格的举动，直白地对她说："你以后能不能不要学我，你没有自我吗？"林依格不解道："我也是喜欢你，觉得你很完美才学的啊！你

也不能这么小气，学一下又不会少什么！”室友觉得她不可理喻，逐渐远离了她。

热衷于模仿他人的人往往出于两个原因。其一，是对自己的生活不自信而向往别人的生活，想要获得同别人一样精彩的人生，这种不自信和暗地里学习别人的行为，反而会遭到对方的反感和疏远。其二，是长时间地接触一个群体，并潜意识地模仿。比如一个家庭里有离婚的情况发生，那么孩子在长大后也会潜意识地做出相同的结果，比如在学习环境恶劣的情况下会下意识地跟着学习不良的嗜好。和有方言口音的朋友长时间的接触，说话中也会无意出现方言。

但是刻意复制别人的生活是毫无意义的。模仿终归是模仿，东施得到的只是大家的嘲弄，做自己真正热爱的事才是对自我最大的尊重。

在综艺节目上一位选手演唱了导师的歌并刻意模仿导师的嗓音，就连导师表演时常用的动作都模仿了下来。节目播出以后，大批的观众在弹幕上留言说：“模仿得太刻意了吧！”选手刻意效仿导师这一事件成为热门话题，也让这个节目大受关注，粉丝们为导师愤愤不平，网友们为选手的做法开脱。

几日后媒体采访导师对这件事情怎么看，导师说：“表演者初期去模仿学习别人是可以的，我以前演唱也是从模仿别人开始。但是越往后走，就越要体现自己的风格，自己的风格就是独一无二的，谁也拿不走。”

选手记住了这些话开始发掘自己的优势，两年后他打造了第一张新专辑，因风格大变，获得多方关注，采访中他说：“最喜欢新专辑的风格，因为是属于我的。”

我们需要把视线从别人的身上转移到自己身上。过多地崇拜他人和盲目地依赖他人会让我们逐渐失去自我。有一天别人远离我们时，我们会发现自己一无是处。

不管是在生活中，还是职场中，不能一味仿照别人的处事方法。我们需要做到的是发掘自己热爱的事情，而不是别人热爱的事情。

他人的优秀可以借鉴学习而不能生搬硬套，学会独立思考是很重要的。齐白石对他的关门弟子许麟庐说过："学我者生，似我者死。"这句话可以引述到一个反面例子当中来，市面上的很多商品和事物，当第一个商品或者事物变得火爆的时候，后面有大批的人开始刻意模仿，最后形成的是满大街的粗制滥造，观望者也在这种不断的劣质商品里逐渐厌烦。所以，我们与其看向别人不如学会看向自己，发掘自己的优势并转化成独一无二的特点，才能受人尊重。

7. 你被别人的"道德观"绑架了吗

生活中"道德观被绑架"的案例随处可见，在网络上我们经常看见名人的评论下面有这样的声音："你这么有钱怎么不做慈善捐款！"或者"你这么有钱，怎么捐这么少！""你这么有钱，慈善之夜一分也不捐，真是没有公德心。"当我们遇见"熊孩子"打骂人的时候家长会说："孩子不懂事，你这个大人就别计较！"当我们外出工作站了一天很累，好不容易在始发站找到座位的时候有人会说："年轻人就应该给老人让座。"当看到某人出轨时旁人的反应："他简直十恶不赦，该死！"当过年遇见亲戚时："男孩子就要多挣点钱好结婚，女孩子就应该找安稳的工作好养家。"

人们都喜欢站在道德的制高点俯视别人，乐于评判他人的对错。如果别人有一点小过错就会无限夸大，对自己的行为却肆意放纵，想着：谁让我是路人呢！我只是个路人而已啊！

做电商的李铭林在自己创业的二线城市里小有名气，开发的女性购物平台很受大众的喜爱。他自己喜欢在社交软件上分享生活的日常。因为长相很帅气，吸引了大批的粉丝关注他。他经常在社交网站上发优惠券，三天两头就是大乐购、购物狂欢节之类的活动。这种营销很受大家的欢迎，但也有少数人对他看不顺眼。

年末，李铭林所在的市区举办慈善宴会，各路名人、企业家受到邀约。不仅如此，举办方还加大了宣传力度，网络上不时出现慈善捐款等消息，不少网友关注着这一善举。李铭林捐了一百万，还在社交软件上分享了参加宴会的照片。没想到网友关注点渐渐转移了目标，开始对比谁捐的多谁捐的少。捐少了就有一大批网友跑过来指责。那几天网络上热闹非凡，看戏的、骂人的、被骂的乱成一片。李铭林决定以后做慈善再也不去分享，自己默默地做慈善就好了。

道德绑架是普通人对另一个普通人进行理想的高尚品格教育的毫无意义的行为，而它在生活中是避免不了的。有人说："世界上最大的恶是以善良为名义四处宣扬，而那些四处宣扬的人是不需要付出任何代价的。"需要付出代价的往往是被道德绑架的那一方。

林琦在日本留学，这边的代购行业很发达。每次林琦回老家前都有一堆亲戚联系她，让她帮忙带化妆品、生活用品等等。过海关的时候，林琦要邮寄一大包，自己背一大包，好几次差点被堵在机场回不去了。林琦很不愿意帮这个忙，但过年了，亲戚抬头不见低头见，这让她十分为难。

一次她帮亲戚买一个中古包，可是去了一趟中古市场，她给几个老板看了照片，店老板说："现在还有同牌同系列的，但是这个型号的半个月前被人买走了，真是不巧啊！"林琦同亲戚说明了情况后，她半开玩笑地说："老姐，我帮你跑这么远去找包，不给我点跑路费啊！"

亲戚正为抢不到包伤心，口出怨言道："你知道中古包有多难得吗？你就不能早点去看看，咱们多亲啊还弄这么多虚情假意的，下次你求我帮忙我也会帮你啊！"这语气仿佛帮亲戚的忙是理所应当的，林琦很是生气，心想自己的课题还没做完，就跑来做这些没有意义的事情。之后林琦都以课业繁忙推辞了免费的代购生意，专心研究起自己的课题。

庄子说过一句话“为善无近名”，大概意思是做善事的时候不要被利益驱动，也不要被道德的正面条框所困住。“为恶无近刑”意思是说不要被他人认为的不道德约束，就是不必被道德的负面条框所困住。

在道德的作用下行善是人之常情，不行善也不代表这个人没有道德，我们不应以完美的影视人物来评判普通人的道德。绝对高尚的人和无恶不作的人在生活中很少存在，我们是游走在善恶中间的普通人。我们在看到善良的人做事情时会去尝试，就是多了一份善。我们在看到做坏事的后果时会警醒自己，就是少了一份恶。所以在道德这件事情上没有绝对的错与对，也没有绝对的善与恶。人都是在变化的，我们应在恪守法律的情况下，在做事情时不被道德绑架的言论所束缚，也不应以自身做不到的道德观去批评他人。

8. 发朋友圈，不必太在乎别人有没有评论和点赞

频繁在社交网站上发动态，其中的心理因素是身边没有可以沟通的人。在这种无处排解想要分享心情的情况下，我们发出了今天的第一个朋友圈。但是寥寥无几的点赞，没有评论的凄凉感和其他人朋友圈的热情互动形成了强烈的对比。兴致勃勃地和别人分享趣事时，没有人关注我们是很难堪的事情。不在乎别人的漠视对于普通人来说是困难的。这些现象会逐渐地形成一种心态，叫作“社交形象的焦虑症”，这种症状的产生是人们在没有得到预期效果的关注时会形成焦虑的心理，就像朋友送给别人礼物而没有送给我们一样的失落感。

陈贺很喜欢在朋友圈分享自己的生活，有和朋友聚餐的照片，有自拍，有

一些对生活的感受。渐渐地陈贺开始发一些负能量的话，在工作中被欺负了就开始在朋友圈怨天尤人，陈贺希望能有人安慰他，他很在意自己动态被人点赞和评论，他发现说一些很现实的话会得到许多人的认可。

渐渐地陈贺开始在意生活中的不愉快，吃外卖时发现餐具是坏的，就发个朋友圈抱怨一下。出门遭遇下雨，发个朋友圈抱怨天气。好友开始讨厌他的言论，纷纷选择漠视，陈贺依旧兴致勃勃地发送负能量，他一天发出七八条动态，像是自己生活的实时转播，已经有几个好友悄悄屏蔽了他。当他发现自己的动态吸引不到别人关注的时候便开始焦虑，他不停地加好友，但大部分人他都不认识，陈贺开始觉得在网络世界活得也很累。

当我们在朋友圈发动态反而得不到好的回应的时候；当我们精挑细选一些照片发上去，或者发高大上的链接，我们得到的反映只是被评论说“装，不接地气”的时候，我们会发现，其实在朋友圈中根本没多少人在乎我们的生活和言论。这时候我们是否还在意朋友圈的互动呢？答案是否定的。就如我们热情地在给别人的朋友圈里评论而别人并不会给我们评论，很现实的一个现象是每个人只关心自己的利益，有了多余的时间里才会去关心他人的生活。

如果我们让每天加班的职员连发十个丰富多彩的朋友圈是不合情理的，高速发展的世界里人们都是忙碌的，学生忙碌着学业，勤奋的人为了背课本每天只能睡四个小时；成年人忙着工作，加班加点拖着疲惫的身心再去发精彩的动态。

在刘焕的怂恿下晓雨也加入了朋友圈的大队伍，开始的时候晓雨不喜欢发状态，但她每次和刘焕出去吃饭，刘焕第一件事就是拿起手机拍照发朋友圈。

刘焕的朋友圈全是聚餐和生活照，晓雨觉得这是个记录生活的好办法，也开始学着发动态。晓雨的朋友不多，也不太在意别人的看法。她只记录自己觉得有趣的事情，无聊的时候会看看以前的照片。有时候她觉得不适合给别人看的动态会锁起来自己看，晓雨俨然把这个社交网络当作了生活日记来用。

现在越来越多的人脱离朋友圈转战更多的社交网络，去和陌生人交谈，与不认识的人讨论话题阐述的结果反而更客观、更实际。为了满足这些想要倾诉孤独的人，现代研发了许多交友软件，有叫得出名字的，也有叫不出名字的。我们需要在社交网络的高速发展下管理好自己的心态，不管是新的社交软件还是旧的社交软件，这些软件吸引大量喜欢分享生活的人。

当我们在这些社交软件中时，我们需要形成低压力高自尊的心理，在面对网络交流去分享自己的趣事时是低压力的，要明白不只是分享给别人看，这也是我们给自己的生活做记录，就像日记一样。人间百态，生活的酸甜苦辣都是自己的。我们无须太过在意别人的看法，也不要去羡慕受欢迎的朋友圈。高自尊是要对自己人际关系形成自我认知，我们是什么样的人就会导致什么样的人际反馈，受欢迎的人自然反馈的多，喜欢独处的人自然反馈就少，对自己有清晰、中肯的评价，就不会在朋友圈中太过在意别人的感受。

第九章 诱惑太多，别在欲望中迷失自我

1. 高调炫富，你以为别人真的会羡慕你吗

前段时间盈科律所的张小姐火了，这位自称亚洲第一律师合伙人，小时收费高达上千元，并且在网络高调炫富。例如："我抖抖手腕整理巴宝莉羊毛西服的衣领。""我抬起戴着卡地亚手表的手并撩撩头发看表。"此类话语遭到大量网友攻击，众人发现张小姐并不符合此律师事务所合伙人的条件，她在二手交易买奢侈品，信用卡因高额贷款已被停用。最终由于张小姐的虚假宣传，广东省律师协会已经开始调查她。

炫富让这些人失去理智，只会像跳梁小丑一样。有些人在生活的领悟中渐渐成长，脱离炫富心态，谨言慎行。有些人还深陷其中，执迷不悟。这些人的欲望像时间的摆钟，达到时限又开始下一轮的旋转，仿佛不会停歇。

由于工作需要，付渊博经常面对面地和客户交流，他学着公司里的高管买昂贵的衣服和奢侈品，一万多的工资却远够不到这些衣服和奢侈品的开销。他每买到很贵的东西时就会在朋友圈里假装发自拍然后不小心露出来，朋友纷纷发出"老铁有钱啊！""这耳机你买到了"等羡慕的话语。付渊博很受用，越来越沉迷于炫富的游戏里，他手里的信用卡办了一张又一张，借了这张还那张。

直到负债累累，付渊博依旧我行我素。终于在年末的时候他发现贷款的钱窟窿堵不住了，自己的年终奖根本不够还剩下的贷款，只得向家里借钱还贷。

我们总能听到一句话："一个人越缺什么，他就越想得到什么。"很多挣扎于贫困生活中的人终于获得财富的时候，会大肆炫耀自己的富有。像一些社会新闻，父母在国内坐出租车留学的儿子在国外开保时捷；父母在国内吃茶叶蛋儿子在纽约开黑卡。这些留学生的炫富，不会得到别人的羡慕，只会得到别人唾弃和厌烦。

你以为炫富会有人羡慕，但它并不能获得别人真正的尊重。

服装大王林百欣是与邵逸夫齐名的香港大亨。20世纪90年代初，林百欣的第一单生意就是在市场不景气的成衣服装行业做出来的，由于他带领的工厂效率高，渐渐在东非地区打开了市场。生意越做越大，后来林百欣跟随老乡涉足房地产生意，他抓住这个机会大力发展新的项目。之后的几年里他收购了多家公司，涉足的行业有服装、房地产、传媒等等。

尽管已经如此成功，林百欣却不会去炫富，而是在工作之余做公益，做慈善。每年他都会捐出巨额资金帮助许多的人，林百欣中学就是在他的捐助下建立起来的。许多林百欣中学的学生毕业以后还会记得这位喜欢做慈善的企业家，并以他为目标奋斗。

真正的富人是不炫富的，他们会炫生活、炫能力、炫社会价值。乔伊斯的女儿伊芙在社交网站的状态和别人就不一样，日常照片就是骑马、聚会和秀恩爱。但她的骑马技术非常精湛，甚至到了能够打比赛的程度。赌王的儿子何猷君参加最强大脑，他高超的智商和高学历引起大众的专注，并在节目里多次获得第一名。幕后他竟然选择自己创业，与合伙人在几十平方米的办公室吃泡面，出行活动乘地铁过去，生活非常节省。

相反，我们在不成熟的年龄时，可能会被所谓的欲望冲昏头脑，享受着同别人炫耀的快感。但过了这个无知无畏的阶段性格就会变得沉稳。想起曾经热爱炫富的自己，不禁感羞惭无比。

所以，高调炫富得来的不是尊重和羡慕，反而是他人的。

现在的社会炫富之风如此盛行，实在是受到了社会价值观的影响。公众人物带头炫富，从众人群模仿学习，更有甚者带坏小孩学会炫富，这不是一个很好的价值观导向。一些人没有正确的看客心态，缺失信仰。他们会幻想和虚构自己富有的场景，这是因为他们活得太过平淡和现实不尽如人意的结果。

据了解，在未来的经济时代，一个企业的核心价值是知识和能力，不再是物质资产。而人也是一样，荣誉不仅仅来自经济的增长，还有人们的智慧与创新。

所以，我们需要正视自己真正的价值，面对现实。不要再做玛丽苏的美梦，面对现实努力奋斗才会得到别人的认可，而不能一味“穷”炫富。三观偏离的公众人物对许多不能独立思考问题的人有很大影响，所以我们需要找出正能量的公众人物作为榜样，学习他们对人生的思考和对待生活的方式。“优雅”的奋斗比起“粗俗”的炫富更值得人尊重，人们往往喜欢谦逊低调有能力的人，而厌恶虚荣张扬和“装”炫富的人。

2. 生活中90%的烦恼源自攀比

很多人不理解阿里高管、知名媒体人鬼脚七为何去出家，当有人问他时，他说：“你比我苦多了，烦恼是永远解决不完的。”攀比带来的烦恼是永远不会间断的，肉体与灵魂的双重痛苦比单纯的身体劳累痛苦得多。

有这样一则报道，有两个村子简称南村和北村，由于政府的大力建设和良好的地理位置，两村子的经济开始富裕起来。但是村子里的一些“封建文化”还是保留着，比如面子问题。

生活富裕了，北村村长开始给村民谋福利，于是宣布一家盖一栋独立的小别墅。这事让南村知道了，想着不能输，南村地理位置更好我们应该比北村做得更好。于是村长宣布每家盖一栋别墅外加一座院子和车库。房子盖完了，南村的人明里暗里向北村炫耀。北村村民一听就不乐意，为了庆祝新房建成，村民们在广场摆了一千桌宴席。隔天南村就摆了两千桌宴席，就这样两个村子互相比来必去，损失了不少钱财。

奋斗的过程中少不了内心的不平衡，同是加班别人的工资就比较高，同是竞争别人就可以走后门，同一个能力别人长得好看就会越来越有名望，我们努力想要获得的一切，几十年后别人刚出生就拥有。

戚芳每次过年回家都要接受亲戚的“审判”。她从小在亲戚的互相攀比下长大，上到学习成绩工作待遇，下到结婚生子为人处世。开始时戚芳听见亲戚间的攀比话语会心生怒气，虽然表面上不会表达出来，但心里会暗自和别人去比较。

戚芳的工作是剪辑师，经验有限的她工资很低，在一线城市只是温饱的程度。一次回家就听见婶婶说：“我家那边亲戚的孩子阿明跟你同岁，学建筑的，在二线城市刚上岗就能挣七八千呢，现在贷款买了房打算过几年再提辆车。”旁人附和道：“哎呀，这多好，稳定生活还有保障。要不你也去别的城市找找工作吧，在那地方多难混啊！”

戚芳打着哈哈，心里的比较就上来了，回去工作也没了劲头，她满脑子想着赚钱把别人比下去。戚芳辞去工作找了份高薪销售岗位，她形象好会说话第一个月挣的钱就比以前多几倍，她马上和亲戚炫耀起自己的新工作。但时隔不久她就开始厌烦起来，开始想念从前的快乐，那时候虽然工资不高但是每天都充满激情。这一天她突然醒悟，她和别人攀比失去了理智而放弃自己真正热爱的事业。此后戚芳重新回到“老本行”，她努力学习经验，不去想别人的生活而去做好自己的工作，每天只和自己比较。几年后她和朋友开起了工作室，工作也越来越好。

我们追求多少财富就要付出多少努力，别人的比较都和自己没有任何关系，不要受到旁人的干扰而产生愤怒。王小波在书中说："人的一切痛苦，本质上都是对自己的无能的愤怒。"当自己拥有自信和精神上的财富时，别人的比较在我们这里就不算什么了。

那么我们如何在这个互相攀比的世界里获得自我的平衡呢?

首先要做到知足常乐。遇到挫折和诱惑要知足常乐，少添麻烦多做事。

其次是在竞争中拥有平常心态，赢了固然好，失败了便吸取教训。在日常生活和工作的目标中不要放得太过远大，要符合实际，从实际出发，然后慢慢往上晋升。

再次是少给自己设立"假想敌"。人们不自觉地把身边的人和自己做比较，暗暗设立对手。但其实现实里没有那么多的人把别人放在对立面，更多的是共同合作完成目标。

而且还要看到自己的长处。总是看见别人的强项对自己不满是不正确的心态。每个人都有自己的优点，生活环境不同，人与人之间从一开始就不处于同一条起跑线上。别人的高能力、高收入大多是通过勤劳的付出获得的。我们不必去模仿别人的生活轨迹，而要保持自我独立性。

最后放下对身边人的期待。喜爱攀比的人在自己得不到的时候会寄希望于身边的亲人，比如夫妻双方，子女双方或者同事，朋友。一旦期望未能实现就会给对方带来压力与埋怨，这会使亲人之间感情出现裂痕。不要把自己的愿望强加给别人，这是不实际也不明智的选择。

总之在积极奋斗的过程中应摆正心态，拒绝攀比。成功的路上只容得下一个人那就是自己，和自己比较才是真正的进步和快乐。

3. 别在追逐名利中迷失自我

我们为别人的艳羡和自我虚伪的外壳而奔波疲劳，在欲望和功利的诱惑面前妥协，空洞麻木。名利就如一副枷锁，锁住人本身。时代的节奏越来越快，有太多诱惑、欲望，也有痛苦和挣扎，导致我们身心疲惫不堪。

刘舜希做的是药材生意，他聘人去采药，晒药，装药。然后拿出来批量卖给中间商，偶尔接了大单子能小赚一笔。

在他的人际圈里做生意的有，但大部分都有一定的官职。而他的主业只是私企的小职员，刘舜希觉得能交到这些朋友一是他自己赚到了钱有一定地位，二是他对朋友很讲信用。他很注重朋友间的互动，他以为这可以为他带来有益的帮助。朋友在酒桌上经常称赞他："刘子今年挣了大买卖可见是对行业能钻进去的人，对朋友也很重情义，你这朋友我是没白交。"然后又是一顿觥筹交错。刘舜希经常这样白天卖药晚上跟着朋友去喝酒，凑局子。每天晚上都喝得醉醺醺地回家，渐渐的身体的机能开始走下坡路，他变得越来越疲惫。刘舜希喝多了就在家里耍酒疯，拉着儿子说："我这么拼命赚钱都是为了你，对吧！"说完倒头就睡，第二天清醒过来就开始后悔，问妻子："我昨天说了什么？"妻子每天埋怨他喝酒度日，劝他少喝些酒。

但刘舜希觉得自己也没办法，如果不出去喝酒也就没有朋友，没朋友就没人脉。

后来他的药厂有许多常客来买药，但他还是会经常出去跟朋友喝酒，他觉得这样才能巩固朋友圈的关系，每日为一些不需要的交际所劳累。

名与利成了社会衡量我们的标准，所谓的成功成了名与利的代名词。被名利牵连的我们像是摆脱不了牢笼的动物。

就像哲学家伊文所说：“悦其名而丧其实。”我们在追逐名利下渐渐丧失了真实的自己，名利是为了让自己安心快乐，而不是让我们感受身心的劳累。

春光是十八线小演员，最大的愿望就是能出名，照她的话说，“谁不想获得名与利。”开始的时候春光心思浮躁，总想着出名。她遇到了试戏机会绝对不会错过，每天跑好几个场。常常在影视城从隔壁片场拍完，又去另一个片场跑龙套。但这几年这么拼命也没有什么结果，演技和容貌都没有被别人记住。看着别人走红、出名，平步青云，而自己还是赚着不稳定的工资，她心理很不平衡。

但是，随后几年她心思渐渐沉淀下来。她还是用心演戏，但把成名的愿望看淡了。她现在的理想是演好每一个角色，就像当初报考艺术的目的就是单纯喜欢演戏一样，她把重心放到享受工作的乐趣中。

对名利的重心过多会挤占精神世界的空间，久而久之，缺乏精神的自我约束力和思想上的充实，人就会变成名利的奴隶，任其摆布。

比如，我们在大早上赶着地铁上班，清晨七点排着长长的队伍过安检，我们是否发现这些上班族的脸上毫无表情，甚至是死气沉沉，没有一点朝气。这时候地铁到站了，我们映着黑色的玻璃和自己对视，赫然发现自己也露出疲惫又沮丧的表情，在这场难见笑容的清晨迎接的是身体的疲惫还是心灵的疲惫呢？真正的疲惫可能不只是日常的工作，还有对自己的焦虑和烦躁。

累心不如累身，思虑过重对我们的身体不会有太大的益处，甚至会造成危害，我们不妨把工作目标上的“一定”改成“尽兴”，把名利换成精神的充实。

当我们已经获得名与利的时候，需要承受住更多的压力，好比“欲戴其冠，必先受其重”。戴得上是一时，戴得住就需要自身不断地积累填补缺陷，无论是过多的荣耀掩盖了清醒的头脑，还是细微的质疑、辩驳抹黑我们，我们都需要在物质满足的基础上去填补精神的不足，精神上的充实会补充心灵的分量，拥有一颗强大的内心就不会被名利所“心累”。

总之要不断磨炼意志，有多少人在成名获利的路上遭受挫折一爬不起；有多少人因追逐虚名而做出悔恨终生的错事。“克以律己”是给内心疲累的我们一个重要的警钟。

4. 重新发现富有的定义

最近很火爆的节目《向往的生活》洗刷了人们对“富有”的定义。节目组在桐庐的乡下找到一个废弃的小院子，改造一番，再在周围租了几块地。邀请的嘉宾都过着自给自足的生活。劈柴、捕鱼、做饭，就是这么“寡淡”的节目却引起了大家对美好生活的向往。嘉宾在清晨泡一杯茶便开始惬意地发呆；他们一起捕鱼摘菜嬉闹得像一家人，有时候他们会把多年的老友叫过来喝喝茶，谈谈心。这都和城市里快节奏的生活形成了鲜明的对比，慢生活逐渐被人们所追捧与向往。

现代大部分人认为的富有是有房有车和永远也花不完的钱，而《向往的生活》让这些人看到了原来日子可以这么平淡地过下去，有家人一起聊天就会有满足感，人与人之间的相互珍惜会让人倍感温暖。

华庆慈在公司担任高管，薪水很可观。因为工作需要很多应酬，经常有酒局，往往深夜回家的时候是醉酒的状态。华庆慈的儿子远在临城的寄宿学校上学，每个月回不来几次。他和儿子的关系很不好，儿子青春期的叛逆加上华庆慈的严厉让他们的关系持续性僵化。他的妻子因为他经常喝酒应酬的原因隔三岔五就吵架，最后他们选择了离婚。

由于童年家庭贫困，华庆慈很注重物质追求，他在工作上很努力，一路升职加薪。现在的他已经可以支撑起家里几口人的生活，但他的家里几乎只住着他自己。华庆慈现在的生活很富裕，心里却很孤独。

我们身边是否有这样的人，每天都会喊着：“好无聊啊！”“每天都好无聊啊，虽然还有很多事情没做，但是什么也不想做。”即使是在丰衣足食下长大的人也会有觉得生活无趣的时候，我们不禁想颠覆“富有”在人们脑海中的印象，是金钱的富有更让人喜欢还是精神的富有更加让人满足。

米林在网络上是毫无存在感的小画师，在一次同人插画比赛中他终于脱颖而出。由于他的插画新颖有趣，获得了大批粉丝，各路商家也开始找他约稿。熬了几年的米林，从一开始的屡次碰壁到现在抢着被约稿，巨大的惊喜袭来，米林却没有被这暂时的成功冲昏头脑。稿子一个接一个的来，商家从年初排到年尾，就这么画了两年多。这两年米林一天都没有休息过，因为他接手大量没质量的商稿导致作品再没有从前那么有灵性。

他就推掉大量的商稿，只留下自己喜欢的商稿并且在制作图纸时与商家沟通不想收敛自己的风格。曾经有知名企业请米林做宣传插画，给出的价格也很丰厚，但是他因风格不同推拒了。朋友问他：“你拒绝这么好的机会后悔吗？这个项目的报酬很丰厚，接下这一单就够吃半年的了。”米林摇摇头说：“我发现钱财的富有不是快乐的全部，自己对工作中的项目有精神上的满足感才是真正的富有。”

许多文人墨客对自己的精神财富有充分的认知，《瓦尔登湖》里梭罗在湖边的树林自己动手盖起小木屋，并且独自生活。梭罗在书中说：“富裕是全然体验生活的能力。”在梭罗的理解里，富裕是在人的内心产生的。他还说：“我不富甲天下却拥有无数个艳阳天和夏日。”那么如果说世上有两种简朴的生活方式，一种是内与外皆简朴，另一种是外在简朴，内心富足。那梭罗显然是后一种，即是智者的淳朴。

然而我们在经济的快速发展中逐渐迷失着自己，随波逐流，我们没能正确引导自己找到精神依托和生活价值。而梭罗正好提到了这些道理，我们在追逐名利，为了生活拼搏的同时，应该认真思考一下自己精神上是否也是富足的。

打个比方来说，挥霍钱财可能不会带来内心的充足感，因为买车买房只会觉得自己越来越穷。而选择去一次从来没去过的地方看风景，我们可能会被眼前的美景所震撼，从而感到满足。

我们在厌倦忙碌生活的时候，渴望的富有可能只是清晨的一杯茶，和朋友的彻夜谈心，给家人做一顿饭。所以不妨尝试着以平常的心态面对眼下的时光，忘记物质带来的焦虑与浮躁，追求精神的满足。

5. 要经得住高薪的诱惑

前段时间有这样的新闻，李先生在不正规的招聘网站上看见一份高薪工作，虽然他深知自己的水平和上面的薪酬相差甚远，但他还是怀着一份侥幸心理前去面试，反而被收取千元的培训费。所谓的公司负责人还扣押了李先生人身自由。最后李先生只能报警求助外援。

不止这一个案例，许多社会新闻报道过一些人因虚假的高薪诱惑走入歧途、遇害等情况。轻者丢失工作，严重的会危害自身的生命安全。

王建宇从小学习成绩都很一般，大学刚毕业同学们都找到理想的工作了，他却迟迟没找到工作。他无意中在一家网站看见一则广告：招酒店门童，月薪八千，十二小时工作制，全年无休。王建宇一看很心动，也没有觉得哪里不对劲，立马就去应聘。出乎意料的是他顺利通过面试。王建宇觉得这份工作简直是天上掉馅饼一样，同学都在拿着两三千的实习薪水，他直接就要破万了。但是他从来没仔细算过每天的工作日十二个小时，每个小时他只能赚二十多块钱，这么算下来薪水一点也不高。

他被所谓的高薪冲昏了头脑，立马就答应了这份工作。之后的一年里王建宇白天上班晚上回家倒头就睡，因为全年无休每天要工作十二个小时，他业余的时间里也不会学习课外知识来提升自己。年后他的同学有的升职加薪，有的准备考研，王建宇还是这些工资一直没变过。

没过几年酒店招到了外形更好的门童就把王建宇辞退了，而这几年他把原来学到的专业知识都忘得一干二净，再找工作的时候只能从头学起。

职场上充满着种种的诱惑，一些蝇头小利就有可能改变我们的原则。当我们被这些诱惑所左右的时候，就无法坚持自己的信念，更容易在奋斗的途中迷失方向。

刘焕在朋友的推荐下来到一家上市公司工作，公司的意向是让他做另一个副部的项目组长，但是和他之前的工作有所出入，刘焕知道自己最擅长的不是这个部门。而公司给出的薪资比刘焕期望的价格得多一倍，刘焕一听觉得不对劲。他并没有被高薪所打动反而更迷惑了。

他向朋友咨询意见，朋友说这个项目组长不好当，因为副部的风气不好，许多员工选择了离职。这个部门半年时间里已经走掉好几个员工了，刘焕心想天下果然没有免费的午餐。他与领导说要先去自己最擅长的部门等熟悉环境以后再做决定，公司领导欣然答应。之后的几个月刘焕不仅熟悉了新公司的流程还带着那个他推辞的小组和自己管理的小组一起做项目，期间刘焕发现破损部门有几名员工的实力相当不错，他决定和领导提出合并的想法，这样做起项目来既方便又好沟通。公司答应了刘焕的想法，之后刘焕留下了几名有实力的员工加入新小组，他们做起项目来效率也提高不少，刘焕的薪资也因为项目的成功涨了许多。

我们要理智面对高薪的诱惑，不要轻信那些付出与收获不成正比的工作。

想要在职场中扎稳脚跟，成为标杆，就不能被外界的因素所影响。遇见两难的选择更需要冷静思考，再做出准确的判断。

我们在寻找理想的工作时需要识破那些“虚假”的高薪。

首先我们需要认清哪些是虚假信息，我们在求职时需要避免个人信息泄露等问题。虚假的工作消息往往会通过泄露的个人信息找到我们，然后用高薪来诱惑我们。比如同样一份工作对方的薪酬更高并且明确要求无经验皆可等信息拉低求职范围，当求职者联系到公司负责人的时候，那边就以培训等理由向我们收取高额的费用。这需要我们在择业时擦亮双眼，选择正规的渠道寻找优质的公司。

其次我们需要看清自己的能力，在对自我能力怀有侥幸心理时，我们要清楚地知道这是对自我的欺骗。我们要知道自己能够做好什么，不能够胜任什么。当我们无法认清自己的实力时就会盲目自大。就像窦文涛所言：“跟比自己有钱的人交朋友，好像自己也有钱了似的。”是的，当我们脱离了朋友，脱离了前公司，想一想我们还剩下什么样的能力可以使用。

老舍说：“一个真认识自己的人就没办法不谦卑。谦虚使人的心缩小，像一个小石卵，虽然小而极结实，结实才能诚实。”面对自己的能力需要保持谦卑的态度，找到与自己能力对等的工作才是最重要的。

最后避免鼠目寸光。我们在选择高薪时最重要的就是看清未来的发展，如果一份工作做一辈子还是这个薪水就没有必要再坚持下去了，不要为了眼前的小利益浪费几年的光阴，时间是最宝贵的。我们在这里停滞不前时别人已经在能力上远远超越我们了。

所以总结下来就是在切合实际的情况下找到适合自己的薪资，并且看清未来的发展而不被当下的高薪诱惑。

6. 绝不为一己之利，出卖商业机密

百度的无人驾驶技术一度风头正盛，被各大媒体纷纷报道，而电梯、地铁等地也不时出现无人驾驶汽车的广告。但是在百度无人车刚出现不久，就发生了前高层员工泄密无人驾驶技术的事情。这其中的原因是前员工想单独做这笔生意，和百度直接竞争。最终百度以侵犯商业机密为由向这位前员工发出了律师函，最后前员工自主经营的公司以五千万的赔偿费结束了这场不道德的泄密行为。

在百度上搜“出卖公司机密”，有 80 多万条相关“员工出卖商业秘密获利”的结果出来。

“2013 年，陈某出售价值 10 亿商业机密，共获利 30 余万。

2014 年 12 月 15 日，周某利用工作便利，将公司技术参数和电路图等告知竞争公司，并因此获利 68 万元。

2017 年，惠某任职期间多次利用网络兜售其所在公司的专有技术资料，并获利人民币 59900 元。

2018 年，王某获取公司数据，并对外诋毁该公司制造废料过多，向媒体传播更多虚假信息并从中获利。”

企业之间竞争激烈，竞争对手掌握了对方的商业机密，意味着能一招制胜。员工如果能将公司的秘密出卖给竞争对手，绝对会获取高额利润。于是就会有人经不住金钱的诱惑，铤而走险。

相关法律规定：“因泄露机密给商业机密的权利人造成巨大损失的，处三年以下有期徒刑或者拘役，并处或单处罚金；造成特别严重后果的，处三年以上

七年以下有期徒刑，并处罚金。”千万别因一时的私欲走上犯罪的道路，甚至锒铛入狱，前途尽毁。所以我们作为员工，最重要的是做到对公司的忠诚，这不仅对公司的发展有很大的好处，对我们自己自身的约束也有很大帮助。

李成河是一家游戏公司的高管，公司 4 月份即将上市的产品让围观的人们很期待。游戏的宣传片一出就引起众多游戏迷的关注，还引来各种游戏公众号的频频转发。而另一家游戏公司同期出品的游戏就被他们的新游戏夺走了关注度。令人吃惊的是李成河所处公司的新游戏除了宣传片再没有更多信息泄露，保密信息做得如此之好更是增加游戏的神秘感和期待值。

竞争对手通过人脉找到李成河想打探消息，并且对李成河提出丰厚的报酬，让其泄露更多的新游戏信息给他们。李成河果断拒绝了他们的请求，并且称再不会与这家公司来往。李成河心想辛苦四年的成果就是等到游戏售卖的那一天，成果的价值是金钱比不来的。

领导者对于自己公司员工第一要求是忠诚，近几年来用人单位把员工的忠诚和才干放在同样重要的位置上。不论人才的能力有多强，如若做事不够诚实，对公司不够忠诚，企业是万万不会用的。所以保守公司的商业机密是员工最基本的行为准则，也是员工取信于领导的重要一步。

所以我们在接触到工作中的项目时也应保守机密，我们应做到以下几点。

首先要做到“非礼勿听”，公司的一些事情需要对员工保密，所以我们不该听的就不要去听。知道得越多承担的责任就越大，当我们所处的位置支撑不住我们知道的商业机密时，就会出现失控的情况。

其次要做到“非礼勿问”，当我们的职位还不够格知道更多机密时，不要贸然去和上司询问。如果问出机密问题，上司告诉了我们，我们在公共场合中不小心说出去，就会产生无法挽回的场面。如果我们问出机密问题而上司没有回答我们，就会把双方摆在尴尬的对立面，上司也会因我们多嘴的行为产生反感情绪。所以我们只需在安全的范围问出自己本职的问题，而不要因好奇心多嘴去问公司的八卦或者商业机密。

再次要做到"非礼勿言"，我们在公众场合不要过多透漏公司的信息。有条社会新闻是这样的，一名文员在自己的朋友圈发自拍，她不小心把公司未公开的策划书拍进了照片里，很快这张照片就被其主管发现转发到高管群里。第二天，这名文员被公司要求赔偿几十万损失费用。我们在和外界人聊天谈论到自己工作的同时要管住自己的一言一行，可能我们不小心透漏出去的信息就会被竞争对手所利用，对手顺藤摸瓜就会了解更多，这会对公司的利益产生极大的损失。

最后我们要对自己的工作有责任感，并且要抵住外界的诱惑。缺乏责任感，敷衍了事都不是一位优秀的员工应该具备的。我们应把责任感投入到实际工作中来，不推卸责任和找借口，并且努力完成工作上任务，这种负责任的态度会在诱惑面前形成保护盾牌，我们在面对外界的诱惑时就会想起自身的责任，从而拒绝向外界泄露公司的商业机密。

总结下来就是，刻意泄露商业机密是不道德的，我们不应为一时的利益去泄露公司的机密。在日常的工作中我们应做到非礼勿听、勿问、勿言。对公司要有责任心和爱护心，面对利益诱惑需要严格抵制。

7. 时刻牢记，有权也不可滥用

前些日子又被爆出高校博士生不堪导师欺压选择轻生的新闻。这位高才生的导师滥用职权，对其进行生活上的欺压。先是阻止学生保研其他学校劝说其留在本校，后来学生硕士毕业想出国留学，导师又扣押学生的硕士毕业证，威胁他留在自己旗下帮忙做课题。学生做出的优秀毕业论文被这位导师剥夺了署名权，并且他还克扣这位学生的奖学金。在生活中导师更是过分到命令学生做不属于课业的劳务工作，比如每天让其帮忙打饭、洗衣服等。

滥用职权在任何行业都是危害社会，危害他人的。

有这样一则新闻。“近日银川市的人民法院对梁亚彬滥用职权一案进行公开宣判，从五年前开始梁亚斌在银川的经济技术开发区经济贸易发展局担任副局长一职，并且兼任银川某育成中心的办公室副主任。将有二百多家企业入驻的开发区变成了他利用自身的权力从中谋取利益的平台，在工程的承揽，工程款的支付和股权的转让上面谋取索要他人的钱财高达五百多万。法院对其进行了有期徒刑十一年和处罚人民币的判决，并且收缴了贪污的赃款。”

我们任何时候在权力面前都要保持一颗平常的心态，管住自己的道德底线。

柳羽在公司做部长一职，在建筑行业里柳羽是业界的翘楚。在工作上他非常严格，图纸的一点点的小错误都逃不过他的眼睛，全部门的人在柳羽的带领下工作和打鸡血一样，能够留在柳羽部下的人也都具有大神级别的能力。有个新来的员工经验很丰富，参与过许多项目，他想升职获得更多优质的项目，便向柳羽贿赂物品，却被柳羽推辞掉了。他也从不利用职权强迫员工去做工作以外的活动，比如，让员工打杂帮忙买餐等行为。

员工虽然在他的部门工作压力很大，但都觉得柳羽是一个不滥用公权的人。于是想留在部门长期发展的员工也不在少数。

我们对权力的滥用就是在慢慢透支着权力的限度，人们过分强调手中的权力时就会形成管理透支的状态。

所以我们在面对职权的管理上需要用以下这些方法来制约自己。

首先，明确自己的职责，对权力有敬畏之心，我们需要明确好工作的权限在哪里。只有明确职责才能实现工作进度的科学规划。积极实施职务的能力，防止职务因规划不当发生拖拉的现象。要时刻提醒自己，珍惜自己的权力，不要因利益而迷失自我。

其次，规范好自己的权责，实现理性放权，让员工有更多的表现力。我们在拥有权力的同时要在法律应允的情况下实行权力。我们要有法律大过权力的意识。错误的做法会导致自身腐败的滋生，形成泛滥放权的习惯。在适当的时候也要把自己的权力下放给部下，自动做到自我稀释权力。

例如，一位领导喜欢职权不喜欢放权，所有事情都要自己说了算，而别人给出建议时就摆出“我比你官大”的姿态，久而久之旁人也不愿意在领导面前表露自己想法。沟通上不积极，行动上也会变得缓慢，领导的权力反而会变得越来越小。

反之，一位适当放权的领导在一些抉择上面鼓励旁人提出自己的意见，或者拿出一部分的事情让旁人负责完成，大家对领导的权力就会越看重，需要决策的事情会主动找领导谈论，领导的权力也会变强大。

最后，用自己的行动力来以身作则，实现严于律己的用权。我们的权力越大就越有人盯着我们看，这时候我们面对员工要做好榜样，并在工作中形成良好的工作氛围，给部下构建良好的思想建设。我们要不断强化自身的修养，提升道德水平。

总结来说，权力就是人们的一把“双刃剑”，既要抵制住自己的贪欲，又要合理利用权力为当下的社会创造价值。

8. 若是贪心，永远跨不过金钱带给你的坑

2018 年 6 月 14 日，俄罗斯世界杯开赛。四年一届的世界杯不仅成为世界足坛的盛事，也成为一些人利用赛事进行非法赌球的“豪赌盛宴”。为了赌球赢钱，实现一夜暴富，有人一夜间散尽千万家产，变成“百万负翁”；有人 5 分钟

狂输50万；有人卖掉了车房；更有人因欠债太多选择了跑路。

那么赌球真有赢的吗，在一个讨论类节目里说出这样一个事实，赌球赢的大部分都是庄家。庄家高薪聘请的精算师首先会分析出输赢的概率，最后再由精算师确定盘口。所以，久赌无赢家，我们贪心得想不劳而获结果成了别人赚钱的基石。许多人明白这个道理却控制不住自己对钱财的贪婪。

李谋义开始跟着朋友投资股市，他投资了2000多万，结果没多久就赚回了本金还盈利了4000多万。这让李谋义很高兴，虽然有风险但是收益大。朋友说："你可以撤股了，你已经赚得不少了，做人不要太贪心。"李谋义以为是朋友嫉妒他的好运气，因此拒绝了朋友的建议，还是继续买进。他觉得就要艺高人胆大，有风险才有回报。结果2013年的股灾将打得李谋义猝不及防，在股票的连续涨停之后，他投的股票被证券公司平仓，李谋义最后的本金只剩下了30多万。原来赚的钱都没有了，这时候他才后悔没有听朋友的劝阻。

钱财的数量一旦超过生活的必需而存有大量富余的时候，人的贪婪本性就会暴露无遗。我们贪心越重就越会丧失警惕，失去理智，忘记常识，做出错误的选择。所以我们面对钱财的诱惑要理性地思考利弊，不要鲁莽行事。

王中石在朋友的带领下投资了一家很有前景的互联网公司。没想到公司上市后，王中石的股份也翻了几倍。朋友说可以多投资一些同类型的公司，最近做这类的软件的公司很受大众欢迎。王中石拒绝了他的建议，他说："这个种类的软件这家独大，投资多了显得太贪心。"果然没过多久大众对其热度降低，其他小公司也支撑不下去，接连倒闭。

小米创始人雷军在2018年4月接受采访时说道："我们必须抑制贪婪的倾向，赢得消费者的绝对信任。"他还考虑把"不贪婪"写在公司的章程里。他说："我想实现的目标是让消费者闭上眼睛购买，小米的产品做到质量好，价格又便宜。”这一举动加大了小米粉丝的好感，对于米粉而言小米的产品更实惠，它的价格通常比同等质量的手机低出许多。不少网友纷纷对雷军“不贪婪”的企业管理政策表示出了极大的好感。

我们一个不注意就会掉入金钱的陷阱里。如不主动克制对金钱的贪婪，我们就会付出惨痛的代价。像世界著名的庞氏骗局，放款人利用高昂的回报吸引投资人来投资，不断用新投资人的钱财补贴旧投资人的利息，最后没有本金可以补贴就携款逃跑，留下亏空的投资人。

那么我们在贪心的利诱下蒙蔽了自己时，就要避免走进错误的道路。我们要了解大部分低风险高回报的事情都是有猫腻的，一些低级骗局往往喜欢用这种诱惑极大的条件来吸引我们。比如说什么投资零风险最高收益百分之六十的三流理财软件，但其实他们极力宣传高于市场的回报而弱化了风险的概率。再比如只要几百加盟费就能月薪百万的广告，等到真的加盟就会一点点榨干我们的本金，利用庞氏骗局贴了东墙补西墙。

而对于市面上的投资诀窍、赚钱窍门等，我们不要相信。赚钱是不可复制的，如果真的能赚钱，那些宣传的人为什么自己不赚而反过来去分享给别人呢，一些没有经过真实验证的生财之道其实是无稽之谈。真正赚钱的人是不会轻易把最机密的方法和诀窍全部传授给别人的。

我们在投资时也要观察项目的周期性，那些反周期的投资项目就是美丽的空壳。不真实的投资似乎永远只赚不赔，而很多人却选择相信是因为自己手气好的缘故。这种现象最典型的是“万亩大造林计划”，以公益的名义骗取大量的资金，不计较地理位置，环境因素大片建造树林，任其自由生长，又因土壤不佳和管理不到位而大片坏死。这种以公益的名义欺骗大众的行为是不可取的。所以我们在投资时要提高警惕。

许多虚假的诱惑其实一眼就可以看穿，但是贪心的想法会蒙蔽理智的情感，我们不如选择知足常乐，不过多追求不必要的钱财，抓住当下的机会才是最重要的。

第十章 十字街头的彷徨，遵循内心去选择

1. 人生只有一次，选择你喜欢的生活方式

我们很多时候都在寻找一把通往正确生活的钥匙，有时候遇到的是生锈的钥匙，于是开锁的过程艰难无比，痛苦不堪，最后还是以失败告终。有时候遇到的是既漂亮又繁杂的钥匙，上面镶满了碎钻，开锁的过程中和朴实无华的锁头反差极大，但在欲望的引导下不允许我们丢弃它。有一天我们一旦找到最适合自己的钥匙，一定要把握住这次机会。

王洁在互联网公司做会计，薪水很可观，她所在的公司在交通便捷的办公大楼里。每天她都穿着漂亮的衣服去上班，是别人眼里的精英人士。因为公司的上班时间在十点她可以睡到自然醒再出门。她工作了十年兢兢业业存下大量存款，在市中心买了两套房子。目前她是全家的骄傲，是全家的经济支柱。但是上班也很累，每天她和电脑里的表格数据打交道，颈椎也越来越不好。一到快发工资期间就忙得团团转，周六加班也是常有的事。面对枯燥的工作王洁只感到枯燥无趣再没有其他的感受。

做自己不喜欢的工作过自己不喜欢的生活无疑是痛苦的，所以，我们在人生的选择上要从自己的内心出发，就算有多身不由己，也请好好思考一下，为自己喜欢的生活多努力，不因现实的打压轻易放弃。

门晴很喜欢甜点，特别是西餐类的甜点，为此她特意进入西餐学校学习，亲人朋友的阻拦也没能让她没有放弃这个理想。学成之后，门晴应聘了本市有名的西餐厅，她在工作中兢兢业业并且感受到工作的乐趣和富足。

过了几年她和朋友合伙开了一家工作室，主要做公众号的美食视频。由于他们的视频风格有趣，引起大量网友关注，一时做得风生水起。她拍的甜点视频经常在美食热搜的栏目里出现，不时有商家和他们的工作室合作。拥有了大量的资金后，门晴和她的小团队们做起属于自己的甜点品牌，他们打算在线上和线下都开起店铺。由于她拥有之前公众号的粉丝基础，她自创品牌的甜点很是畅销。

所有的美好都悄悄藏在不经意的地方。在我们以为生活枯燥乏味，未来也会是一潭死水的时候，其实不妨换一种思维去想，我们在寻找热爱的生活时可能没能从自己的生活中看到真实的自我诉求。

当我们看不到真实的自我诉求时，为了我们所谓的以后的美好生活而不得不放弃自己喜欢的生活、职业，去做另一份所谓的稳定工作。为了升职加薪我们不得不加班熬夜而错过和家人相聚的时刻。可是生活不能轮回，不能倒退步伐寻找过去的起点重新开始，我们得到了所谓的成功就会失去曾经的热爱。那么如果我们曾经放弃的理想生活就是现在拼命努力想要得到的生活，我们绕了这么一大圈岂不是浪费了许多宝贵的时间。

莫里亚克说："一个从不怀疑生活方向和目标的人绝对不会感到绝望。"就如插画家摩西一样，摩西在晚年才拿起画笔作画，后被大众所知。很多人觉得摩西之前几十年的人生里做的事情太过琐碎和无聊。许多人问她为什么不早些画画，而浪费了过去那么多的时间。她说她人生的每一段时光都是在做当下她认为应该做的，并且热爱和喜欢做的事情。所以不管是过去的做女佣打扫家具还是之后的作画，都是摩西所热爱和想要选择的事情。所有人只顾遗憾摩西过去几十年浪费的光阴，却不知这正是她所喜欢的生活。

千金难买心头爱，所以如果我们现在想去学习一门技术，就立马下定决心去行动去做准备工作；如果我们现在想去旅行就不要犹豫，攒够资金就立马订机票；如果我们想看感兴趣的舞台剧，就不要考虑别人是否乐意同行，赶快买给自己看。生活是自己的，随着心走不要给未来的自己留有遗憾。

网络红人古恩在社交网站拥有十多万的粉丝，令人惊讶的是古恩这位挪威女孩的本职工作是消防员，而她分享的照片大都是她的工作照或者生活中的健身、户外运动的照片，这个热爱消防职业的女孩在刚十九岁时就同自己的母亲诉说了自己的愿望。同大多数的家长一样，她的母亲质疑她的能力，还认为女孩不可能去做消防员。但古恩反驳了母亲的疑问并用实际行动告诉了家人自己可以做这份工作。古恩选择遵从了自己的内心去从事自己热爱的职业。

所以，生活的美妙之处不在于名利的高低，也不在于人生的大起大落。而是在于不论世界的如何，我们依旧能够保持热爱生活的心。总有一天我们会告诉全世界，我们已经在过着自己想要的生活。

2. 不后悔，从未有十全十美的选择

拥有英格兰和科特迪瓦双重国籍的足球运动员扎哈在采访中说道："我没有为英格兰效力是因为他们拒绝了我，长达四年的空窗期让我选择了为科特迪瓦效力，我并不感到遗憾。而科特迪瓦他们相信我，想让我加入并且知道我能够为球队带来什么。"扎哈没有对这一选择后悔，并称这届世界杯虽然没有机会参加了，但是这是一个学习的机会，他会在下一次的比赛中做得更好。

既然选择了就不要后悔，人生没有十全十美的道路。后悔只会让我们深陷悔恨的旋涡里停滞不前。

杨敏很后悔随着丈夫创业，她在进货的路上遇见曾经的同事。同事比她大

几岁，早早就退休回家享清福。同事说：“你还跟着你老公创业呢？创业多累啊，不如买房子增值，我前几年在市中心买的房子升值了几倍，租出去也能赚不少。”之后同事劝她也买房子保值，但她创业这几年赚的钱还没有房子增值涨得快，而她大部分存款都被创业的项目套住了，也买不起房子。创业到一半想不做了也不可能，她就开始后悔丈夫当初做的决定：“都怪你出得好主意，现在钱套进去了，想不做都不行了。”

她之后面对顾客也不再积极推销，生意开始下滑。她还是一直在后悔自己当初的决定，对生活和事业都不上心了。

我们可能发现无论怎样科学决策、理性选择，都会有自己的决定不完美的时候。问题的关键是我们一直在回头看，回头看过去就会以上帝的视角审视从前的自己。过去的我们由于对未知的局限性而无法掌握更多全面的信息，而现在的我们却对过去的事情了如指掌。所以当我们看着过去的选择时，就会对自己曾经的决定感到不满意，产生后悔的心态。

这要求我们面对过去的决定要做出云淡风轻的态度，不要常常回头看自己的选择，要向前出发，既然选择了就不要后悔，因为生活没有退路。

宋姜不顾家人的劝阻去做了摄影的工作，家人总说：“隔壁孩子学的建筑，毕业就挣了八千多。你原先学的专业挣得很多为什么去做摄影，摄影又累又苦，你什么都不会挣得很少不说也很难熬出头。”

在曾经的同学都有了稳定的工资，而宋姜还在一家摄影工作室里当小小的助理，朋友不解地问他：“你后悔吗？不然来我们公司做老本行吧，你好歹有基础，工作起来不吃力。”宋姜拒绝了同学的好意，一心一意想着摄影，并表示自己做出的决定就不会后悔。

宋姜在工作室工作快满一年了，还在做摄影助理。拿着两千块的工资的他也不羡慕曾经的同学们升职加薪，只在意自己今天是否学到了真本领。好在皇天不负有心人，一年后工作室让他转正为摄影师，工资也涨起来了。

羽生结弦在记者俱乐部的留言本上写下了四个字“贯彻自身”，他说：“这不是为自己写下来的，是希望稍稍能给大家送上，像是实现梦想的某种契机一般的话语……希望大家能选择让自己不会后悔的人生道路。”在没有十全十美的选择下我们不要拿幻想和现实相比，这对自己是不公平的，我们应同羽生结弦一样用实际行动证明自己的选择不会让自己后悔。很多时候我们将不可能的完美幻想同糟糕的现实去比较，殊不知这样的比较是毫无意义甚至是不公平的。而对于现实的决定通过幻想来解决是我们对未来的美好憧憬产生过于乐观的心理，我们总认为自己会比他人过得好，生活更丰富，身体更健康，朋友更友善，工作更高级。但是当现实不与自我想象中一样时就会有落差感。我们不妨降低自身的预期，从现实角度出发。

根据科学实验得出，做出的事情只会有一周左右的后悔值，而没做出的事情会在未来的几个月持续性的后悔。这结论告诉我们什么也不做会导致长期的后悔，而去做，去行动虽然没有十全十美但是后悔值的周期会减少许多。

我们在完成自己的理想时要拥有积极的心态，可以进行自我催眠，让自我寻找有积极意义的结果。后悔会消耗我们大量的能量，随之而来的是紧张、焦虑的情绪。这对自身是有危害的，所以我们要把自己的能量通过唤醒积极情绪给转化回来。

我们对自己的选择不要回头看，不要有过多的幻想。一切都要从实际出发，积极去行动。后悔没有意义，这世上不存在十全十美的选择。

3. 人生是你自己的，要为自己的选择埋单

比尔·盖茨曾说：“你所在的学校也许已经不再分优等生和劣等生，但生活不会如此。在一些学校里已没有不及格的概念，学校会不断地给你机会，但现

实生活完全不会。”决定人生路上的成绩单的不是命运，也不是别人，而是我们自己。我们的每一次选择，都需要我们自己去埋单。

冬野拉着朋友合伙开了家奶茶店，由于经营不善，月销售额远远不够店内的开支。他们只得把店内的员工削减到一半，冬野埋怨朋友为什么不早些把商品的口感做好。店内的饮品口感太差而导致无人问津的现象一直持续，但在这期间冬野也没做出改变的行动，而是把一切责任都推给朋友。

朋友无奈地说：“我要管店里的账和员工的服务，又要负责进货又要管商品的质量。当初是你拉着我创业的，最后却什么也不做。”冬野一听不服气地说：“奶茶店的投资大部分用的我的资金，加盟也是我找的，我怎么就坐享其成了。”最后朋友因他的不负责任愤怒离去，冬野还在陷入埋怨朋友的情绪当中，奶茶店最后因经营不善而倒闭。冬野一直把奶茶店倒闭的过错推卸给朋友身上，再没有朋友愿意和他一起创业了。

我们在错误的选择中伤及他人时，也必须为自己错误的选择埋单。

而我们应为自己的行为负责任，为自己的错误埋单，而不是一味抱怨环境或将推卸责任给他人。

贾薇从国企辞职去创业，开了一间儿童绘本借阅屋，挣得比以前的工资低，朋友问她：“你后悔吗？现在要是还在国企工作应该更有发展前途。”贾薇摇摇头道：“自己选择的路自己要负责任，比起之前枯燥的工作，开绘本借阅室是我更喜欢的。”

她现在创业用的精力是之前上班的几倍，但是收入不到之前的一半。贾薇却从不抱怨。她为书屋招聘了几个不同的授课老师，有专门讲故事的，有做推广人的，还有教小朋友画画的老师。每天上午有老师授课讲绘本，下午会有休闲的借阅时间。逐渐书屋的受众多起来，住宅附近的家长了解到给孩子多看绘本的好处，常常带着自己的孩子来这里借阅绘本。知道书屋的人也越来越多，

生意也做大了。贾薇把书屋做成了品牌，开了另一家分店。

我们要为自己的选择埋单，就要开始对自己的生活现状负责任，我们如果无法接受生活的现状，就会出现困惑和焦虑的情绪。厌恶身边的人和事物，或者过于依赖身边的人和事物，都是对自己的生活不负责任的表现。

我们要学会接纳自己的生活，不管是快乐的，还是痛苦的生活，我们都要学会去感受、去融合，而不是排斥它们。

之后我们要学会改变现状。虽然我们无法选择自己的出生，但我们可以选择自己的生活方式和成为什么样品格的人。

选择不同，处境就会不一样。选择的维度有多广，将来的命运就有多辽阔。在本质上，我们是自己的缔造者。一切的生活，不管是环境也好，命运也好都是我们在不经意间的选择。而那些不接受自己的选择的人是不负责任的，不负责就会很难改变现状，若现状很糟糕，之后的结局只会越来越糟糕。所以我们面对责任不要逃避，车到山前必有路，绝望的背后往往是峰回路转的希望。

不经意的选择是环境和周围的人群诱发出来的，我们要学会控制自己，从无意识变为有意识的选择，这对自身的情绪管理有一定的帮助。比如，面对吃饭从不请客的朋友，我们可以选择远离，还可以选择直白说出，甚至可以选择继续交往，不同的选择，这其中的结果就会不一样。

所以我们应常常审视自己：我们所做的选择会带来什么后果；我们此刻的选择是否能够给自己和别人带来安全感和幸福。并且在以后的选择当中要勇于承担，勇于埋单自己的选择。

4. 如果你什么都想要，可能什么都得不到

生活中常常发生这些现象。华为从一家贩卖程控交换机的小公司发展成今天的大企业，但代价是许多员工常年的加班和认真投入的态度。

一位普通的农民家出生的孩子，因为优异的成绩考上名牌学校，从而逆袭人生，但付出的是每天不到 5 小时的睡眠和无数张反复论证的问卷。

登上时装周的模特，从无人过问的小模特到各大杂志争相报道的明星，一路走来他们不得不放弃高热量的食物，并且在健身房挥洒无数的汗水。

有些人既想着得到高薪，又想不加班；既想提高知识水平，又想每天睡足 12 个小时；既想外形美丽，又想吃吃喝喝。

人生哪有这么容易，如果什么都能得到，那么所有人都可以停止脚步，坐在家里等待成功了。

安可兴趣非常多，他想学许多东西。他白天上班工作，晚上回家还要去网上听网课，周六日又给自己加了四个兴趣班。每天的生活特别忙碌，很充实也很混乱，结果由于网课留得作业太多，他经常熬到半夜两三点才做完。白天没精神上班，偷偷打瞌睡的他被老板教训一顿扣了工资。而周六日的兴趣班也是东学一下西学一下，这个星期学到的知识下个星期再去就全忘光了。结果他一样技能也没学好，还累得每天都睁不开眼睛。

当我们看见无数条通往成功的道路时，总想着每一条道路都试一试，每一样都想拥有，总怕自己错过成功的机会。但却不知自己因走马观花而忽视了精益求精的态度，等到累得筋疲力尽才发现自己什么也没有得到。

华碧涛从小就喜欢娃娃玩具，长大后他学习了动漫衍生产品类的专业。他在十几岁就开始自己动手做娃娃模型，十年如一日投入在研究设计中。他在采访时说："自己的每个娃娃都是有故事背景，有灵魂的。"

慢工出细活，他的仿真娃娃经常得花费一整年的时间去设计图纸、制作。很多人把他当作艺术家，他的作品更是卖出了十几万的价格，许多欣赏他的人想要定制版他的艺术品需要排号等几年的时间，但对其作品的向往，热度丝毫不减。

学习固然好，努力也没有错。但是我们若走马观花，收获简直微乎其微。所以我们需要舍弃不必要的学习，不断挖掘自己的能力，塑造自身的核心价值。选择我们最想要的东西尽力去做好，而那些什么都想要的人和什么都想尝试的人，往往并不知道自己真正想要的是什么。

欲望太多会使我们深陷疲惫的旋涡，我们是可以把一天分成五个区间，去做五件事情，每件事情做五个小时。但就是这样，也比不过每天专注十二个小时做一件事情的人。残酷的事实告诉我们，与其涉猎多个技能而不能精进，我们不如选择一样最想要的技能静心钻研。时间比努力更宝贵，我们要想好如何把时间利用到极致。

生活中有许多反例。比如，像一些带着满身的光芒和关注的人们，很多人羡慕那种生活。可以一边做着这项事业，一边又做着另一项事业，身兼多职又备受人们宠爱，但往往到最后却发现，他们在事业上什么有价值的东西也没有留下来。

我们的能力有限的情况下，无法涉猎更多而强行参与其中，并且感到筋疲力尽的时候，就会带来许多烦恼，过重的负担甚至会产生焦虑的心情。

而在学习新的技能时会幻想未来获得多么高的成就，更是天方夜谭。知识还没学到位，就开始想成功的事情。但是当真正开始学习的时候，又因为任务的庞大而退却。

科幻小说家特德·姜说："成熟意味着看到差异，但又意识到差异并不重要。”当我们认识到越来越多的人时，我们在远处观看欣赏的人，会觉得他们完美无缺。但是同他们长时间的相处，就会发现没有人是没有缺点的。可能他爱唠叨，可能她不爱讲卫生。如果我们说：“我想要一位每天在家操办家务还能够挣钱养活全家的爱人。”这也是不成立的，如果我们什么都想要，最后的结果是什么也得不到。

5. 你不需要和别人做一样的选择

俞敏洪说：“人在世界上应该独立地生存，尤其是精神上的独立；这并不意味着不和别人打交道或不互相帮助。但有人就像藤一样，总要依赖缠绕于墙、树，甚至腐朽的木棍才能生存，最后常把树缠死；人应该像树一样，扎根土地，独立成长，树与树之间枝杈相交，那是感情的交流，但精神就像树的主干，永远独立。”

世界是多元的，人与人之间是不相同的。我们有不一样的性格，不一样的相貌。就像树叶一样，一棵树上不会有两片相同的树叶，它们变幻各异，各有不同。

华豆豆从小就没有主见，做什么事情时都要先看看别人是怎么做的。华豆豆刚成年的时候，那年正流行穷游。他看别人背着双肩包骑着摩托去西藏，于是自己也这么做。但其实华豆豆的家庭条件并不需要他这么苦中作乐，穷游的时候许多好玩的景点都需要付费，华豆豆就控制自己不去那玩，但也因此错过了许多美景。

华豆豆看见朋友学尤克里里就跟风去学，为此还和朋友报了尤克里里的兴趣班。但华豆豆经常在课上打瞌睡，也不认真弹。朋友说：“你对乐器不感兴趣就不要学嘛，浪费时间又浪费钱。”华豆豆说：“不行啊，人总要有点爱好的吧！”朋友听后对他很无奈。

过分看重别人选择什么的人，主要特征有：在得到大量前人成功的案例后，放弃主动思考的权利，对生活无法做出更有效的决策，而听从别人的选择；因为害怕被孤立，明知别人的观点是错误的，也会应声附和；很难独立完成预定的计划；容易因遭到批评或被忽视而备受打击。

这些依赖情绪会导致我们失去自我判断的能力，逐渐丧失独立生活的动力，缺乏生活的责任感。

相信自己比依赖别人的选择更为重要，我们要告别依赖的情绪，走向独立自主的道路中来。试着听从自己的选择，从身边的点滴小事做起。当我们学会独立思考，并且自觉主动地选择自己的人生道路时，就会发现我们获得的结果是可以在生活中立足的。

在同学都选择去大城市打拼，挣着高薪工资的时候。郭炜兰选择辞去自己薪水不错的工作，并且回家创业。这一举动遭到家乡人的反对，大学生都远离家乡去城市里打工，而她反倒回乡下做起了面食。周围的人觉得她不应该和别人做不一样的选择，但是郭炜兰坚持要在家乡创业，她希望把家乡的传统美食推广到全国各地，让更多人知道。

出乎意料的是郭炜兰不仅把家乡的特产“屁股面”宣传得很好，而且还把家乡的水果，如橙子、柿饼等通过网络平台推荐给更多的人。这些食物无人工添加，有特色又安全，一时间吸引了大量的顾客来购买。郭炜兰说：“希望以后能被更多人看见自己家乡的美食，我想通过我曾经的求学渠道吸引大学生来加入我们团队，让家乡的美食得到更广泛的推广。”

要想拥有自我决策的意识，我们必须从根本上解决问题。

我们要勇于打破传统观念，冲出环境的枷锁。我们在成长的过程中可能会被这些情况所影响，比如，父母对我们的控制，看见别人家的孩子学什么，我们就必须要跟着学什么。看见别人家的孩子穿什么，我们就必须穿什么。比如，长辈对男女之间的观念，男生就要成功、有钱、不需要太过注重打扮；女生就要求稳定、多打扮自己、找个好人出嫁；等等。这些无形之中控制了我们的思想，在夜以继日的学习和繁忙的工作中，我们无法专注地思考这些问题，只得全盘接受，最后逐渐失去自我。

要想克服这些无形的枷锁，我们需要做到永远不对自己说谎。不能因为别人觉得好，我们就跟着别人说好。经常欺骗自己，只会导致我们永远看不清事情的真相。

当我们知道自己想要做出什么选择时，就要勇敢地去追寻，不要怕前方的道路有多少阻碍。打个比方，当长矛刺向我们的时候，如果往后躲避，很可能会被刺中；而反过来我们飞速向对方近身，却无法伤害到我们，我们还可以向对方进行反击。这告诉我们裹足不前，或犹豫担心后果，会导致事情往坏的方向发酵。所以我们不如先试着前行，站在理性的角度思考最坏的结果，若可以接受，就做出有条理的决策方案，然后按计划去挑战它们。

当我们自主选择的道路在不懈的努力下成功时，我们回头发现，原来不与别人选择相同的目标，我们也可以获得成就。这时候我们舍弃了别人眼中珍贵的事物，做出别人没有勇气做的事情。我们的选择可能性就更大，选择的内容就更广泛了。

第十一章 戒了吧焦虑症，让灵魂跟上你的脚步

1. 不忙未必就做不好工作

一篇报道说：在美国上班的工人下午 3 点就会下班，所以在下午的大部分时间里，人们就会在公园的马路上看到晒太阳的人，跑步的人，遛狗的人。表面上，大家觉得美国人很悠闲，但实际是美国工会的提案允许“朝七晚三”，而不是“朝九晚五”。这样一看时间竟然显得格外得多，看起来大家都很悠闲。而本质上是人们在高效的工作后得来的休闲时间。

所以看起来不忙是一件值得鼓励的事情，如果我们在别人眼里总是忙碌的状态。那说明目前的工作还没有解决，进展缓慢的忙碌得到更多的是疲惫。

董林作为公司的总监却总拎不清事情的轻重，由于自己部门的事务不繁忙，他觉得自己太闲了，简直浪费了公司给他那么高的工资，于是经常特意找事情做，无论大的工作，小的工作都要来掺一脚。别的团队做不完的工作他主动请缨自己来做，甚至下发到部下，让部下和他一起加班做完。

但是就是这样积极工作的好员工，热心帮助“邻居”部门的好同事，却因为帮助其他部门工作而无法分出更多的精力去管自己的项目。有一次，他将本来周五要交的项目拖到了下周一，老板因为董林的不负责任说了他一顿。

心存焦虑的年轻人来说，因不满足于现状，不甘于压制在别人后面，就会

找各种事情让自己忙碌起来。他们故意让没有效率的虚假忙碌充实自己的生活，从而忘掉自己的烦恼。

可是当假忙碌闲下来时会发现，那些比自己厉害的人明明每天都很悠闲。我们在做表格，他早已经做完明天的工作；我们在加班，他已经回家了。

金敏在公司人称“睡神”，他毫不顾忌上司，在工作时间想睡就睡。他在公司特意买了咖啡机、微波炉。他说：“这是征得老板同意了，并且我喜欢吃自己做的饭。”

虽然金敏在公司看起来很悠闲但是他工作效率很高，工作从来只控制在规定的范围内，并且业绩是全公司的第一名。一次其他的小组项目搞砸了，本不属于他的项目，老板让他帮忙参与一下，结果凭他的一人之力拯救了整个小组都没有完成的任务。那些每天加班加点工作的同事还没他一个上午完成的任务多，许多同事都很佩服他的能力。

不忙的人和忙碌却得不到回报的人区别在于，前者对自己未来的目标有足够清晰的规划，他们过得很充实。他们会优先选择重要的事情先做，把最佳状态留给最重要的事情，即使中途被小事情打断也要先做好之前的工作，再做下一个工作。

他们会在埋头苦干前想清楚事情主次顺序，有条理地安排最优方案；会在工作紧张的状态下，拒绝别人推给他们的事情，先做好自身的工作；他们用结果证明自己的能力，而不会吹嘘自己的忙碌，以达到别人的认可；他们懂得取舍，知道时间的宝贵，会把低价值的事情直接抛弃掉；面对全新的挑战是勇于接受而不是焦虑新事物的到来，主动去接受新事物、主动学习新知识是他们的优点；并且他们知道行动力才是成功的关键，会适当听取别人的建议，并相信自己的决断，快速实施行动。

而忙碌又得不到回报的人往往工作效率低下，其主要原因在于心态问题，他们没有为工作奉献全部力量的决心，精神无法持续性地保持专注，屡屡思维

“溜号”，做决策时总是犹犹豫豫、优柔寡断。

除此以外他们本身的技能不足也是个问题。这会直接导致他们工作的速度慢并且错误百出。

我们在工作中想要提高自身效率，需要一些有效的方法去实行。首先我们要知道工作不要过于精细，有些事情不需要事无巨细地去完成，而我们却花费大量的时间浪费在上面，这需要我们放弃每一个浪费时间又得不到明显的工作进展的事情，把更多的精力放在首要任务上去，分清主次关系。

拒绝拖延症，凡事提前预计好，避免被突如其来的工作打得措手不及。许多例子证实了提前永远比延后来得更有效率，延后会导致事情做不成，或者在进展中期出现阻碍，而无法花更多的时间去改善。

解决了拖延症，我们要提前预计工作时需要的有效信息，要有快速收集信息的能力。快速收集信息，这在研究和报告的工作中不仅减少了前期浪费的时间，能把更多的时间花费到后期润色的工作中来。可以用碎片时间或者通过课外的学习时间完成收集信息的工作，把碎片化的时间利用起来会发现每天有许多剩余的时间去做其他的事情。

我们还要问清工作内容，高速完成工作量。许多时候工作进程的缓慢，工作量不断重复的修改，这是双方在沟通上面受到阻碍的问题，比如，领导让我们去工厂问清某零件的价格表，但是没有说找谁问，什么时间，地点在哪里，要什么定位的工厂。这时候我们需要把任何该问的问题搞清晰，然后再去执行，会事半功倍。

最后我们需要提高自身技能，对于不同职业不同分工，在清晰明确地了解工作内容后，我们需要不断推高自身的硬件水平，做到熟能生巧。多锻炼，多实践是提升技能的直接方法。

2. 享受生活不一定非要等到退休后

有数据表明，中国人每年平均工作 2000 多个小时，远超过其他国家。拼命工作带来的不是快乐，而是焦虑。有一多半的上班族处于“亚健康”状态，部分上班族会积极实行“966”“白加黑加白”的工作法。

2015 年 3 月 24 日，张某被发现猝死在酒店马桶上，当天凌晨一点他发出一封工作邮件。

2016 年 5 月，年仅 28 岁的网易编辑身患肝癌去世，病因是劳累过多。

2017 年 11 月，游戏主播“孤王”因长期昼夜颠倒，过度劳累，不幸猝死。

2018 年，44 岁的万达茂总经理徐某坠楼身亡，生前常加班到凌晨两点。

身边这么多例子告诉我们，过多的劳累会使身体超出负荷。不懂得节制的后果是用健康作为代价。

阿庆在父母的建议下贷款买房，他的父母说：“年轻的时候就要多拼多闯，买好房子和车子，对以后有保障。趁着现在买，以后涨了就买不起了。”

如他们所料，随着房价的上涨，阿庆去年买的房子今年就涨了快一倍的价格。这个现象给他很大的冲击，他想：“我要是早些年能赚到钱，就能多买几套了。现在一套房子的贷款就压得我难受。”

为此，阿庆觉得自己的能力太差，工资太少。于是开始拼命赚钱，白天上班，晚上接外包，周六日也不休息而是去做兼职。他的钱赚到了曾经的几倍，阿庆想：应该趁现在多买几套房子。于是他就陷入了赚钱，贷款，买房的循环里。全年无休的他终于因为疲劳过度累倒在家，朋友看他这么累，不禁劝他：“你也要适度休息一下，房子买这么多也没用，健康最重要啊！”但是阿庆完全听不进去，病好了又开始继续赚钱。

勤奋是好事，但勤奋到损害健康就不值当了。我们应该适当享受生活的乐趣，而不仅仅为了获得事业和金钱而拼命奋斗。钱可以慢慢赚，生命却来之不易。岁月更是转眼流逝，眨眼之间人就到了中年。我们最不该浪费的就是青春，趁着年轻就要多享受生活的趣味。

千源不想给自己的生活留下太大的负担，他在银行做COO，工作之余就是去旅行，看话剧，看展览。到了休息时间，就让自己放松下来，出去游玩。但是他工作的时候也很认真，该做的工作决不会拖拉。

他的朋友赚到钱后开始找各种投资，有的拿钱去赌石，有的买房子增值，有的买钻石收藏。朋友问他："要不要跟我一起投资？"千源说："不用了，我的钱一部分放在理财产品里就好，剩下的拿来玩。"朋友惋惜地说："你这样真是浪费！"他说："我觉得不会，一来生活本来就是用来享受的，我可不想变成金钱的奴隶；二来钱总有一天会贬值，但是能力不会，钱没有了还可以再赚。"

因此朋友也没再劝过他去投资了。

我们在有限的生命里要多享受生活，不必等到退休之后再说。当我们处在奋斗阶段的时候，是没有太多时间去管理生活的。

网友做过一次问卷调查，询问上班族的日常生活都在做什么。调查表示，大部分人都是在家和公司之间徘徊，两点一线非常单调。

我们需要在曾经单调的生活中寻找乐趣，我们要对生活充满仪式。我们可以为自己制定一些属于自己的节日，到了那天要准备一份礼物送给自己，或者让伴侣送给自己。而这一天是充满期待和幸福感的。浪漫主义是在实用主义上添加调味剂的工具，仪式感存在的意义是让我们觉得这是生活，而不是在生存。

选择有品质的生活。品质并不意味着花大价钱去购买商品，而是在有限的资金下获得最大限度的快乐。我们对生活不必太节省，一切以舒适为主。比如我们喜欢听音乐，就买一副配得上好音乐的耳机；比如我们喜欢看话剧，就不要吝啬一次门票的钱。千万不要在合适的时间里放弃享受的机会，谁知道过了十年后，那些想看的想玩的，还能不能再看得到，玩得到呢？所以在工作之余要力所能及地把生活过好，生活的品质提升了，我们的心情也会变得愉快，不再单调无趣。

做一个有趣的人，而不是有趣给别人看的人。有趣的人看见云彩的颜色都是不相同的，有趣的人会想出奇怪的问题为自己找到解决答案。汪曾祺先生就是一位有趣的人，他经常在自己的日记里分享美食和生活中的问题。在《生活，是很好玩的》这本书中常常出现与吃有关的描写，书迷称他为玩味生活的人。

所以，我们享受生活不必等到退休，身边的点滴小事就可以带给我们生活的趣味。少低头看手机，多抬头看世界；少一分焦虑，多一分淡然。

3. 让灵魂跟上你的脚步

电影《云上的日子》里有一句台词是这样说的："我们走得太快，灵魂还没有跟上。"

奇瑞汽车的董事尹同跃曾在会议上公开表示，奇瑞前几年的失败是因为他们不冷静，犯大错，急于求成，并且过于追求速度与销售额。由于失败的策略，奇瑞的销量大幅度下跌，尹同跃开始改变策略，重新划分产品群，着重追求品质。2013 年新车发布会上他说："做汽车行业 29 年，今天才敢说会造车了。"2018 年 5 月奇瑞因其改变的策略，销量实现加速增长趋势，同比增长 26.6%。

当我们的灵魂跟不上我们的脚步，事情的发展就会出现分歧，奇瑞因过于追求销量而出现品牌危机，又因改变策略，专注品质，而扭转局面。所以我们在追求速度的时候，也要注意看看身后的灵魂是否跟上了脚步。

晓雨作为角色设计师对于自己的实力很不自信。于是他去各大网站寻找培训机构，想加强专业能力。他看见一家培训机构打着这样的口号：“三个月速成进阶班，让你快速变成设计大师。”晓雨想都不想就迅速报名交钱。朋友不解地问他：“为什么选择速成班？听着就不靠谱的事。”

晓雨说：“那还用问，上完速成班，就可以迅速提高工作效率啊！”朋友担忧地看着他，也没有再多说什么。

三个月过后，朋友再见到他，问他：“你现在工作怎么样了，速成班真的有效吗？”

晓雨沮丧地说：“老师是很专业，但是我的基础太薄弱，跟不上学习速度，白天要上班，晚上还要回去听课，一整天都很累，效果很不明显。”

过于追求速度的成因与身处的环境有着必然的联系，快速发展的科技领域，各种新鲜的事物不断交替出现，我们不免产生浮躁的心理。许多人喜欢走捷径，往往会选择快速通往成功的方法。

但是成功的核心是实力，任何事情都需要长时间的百分百地投入，才能达到标准。不然过快地前行，就会出现实力与地位不对等的事情。

所以我们不要被虚假的速度所诱惑，欲速则不达。慢下来脚踏实地，才是成功的关键。

樊振东是国家乒乓球队的成员，1997 年出生的他已经在多个世界级比赛中亮相。在教练和观众眼里樊振东的未来一片光明。

但他没有因过往的成绩而沾沾自喜，一次赛后采访上，他对记者说：“火箭的速度是很快，但是我想一步一个脚印地往前走，我不想追求速度，只想脚踏实地。”

在东京世界乒乓球比赛中，本应该最后比赛的他出乎意料地打头阵，他听到这个消息的时候，就开始不由自主地紧张起来。

因失误过多，比赛中樊振东连输两局，观众都为他捏了一把汗。樊振东在心里暗示自己，平静下来，忘掉所有的失误。他调整情绪，稳住实力，最后以连胜 3 局的结果扭转局面，赢得比赛。

慢下来才能更快，像所谓一夜爆红是莫须有的存在，人们看见了成功的表面，却没有看见背后付出的汗水和失败。盲目的追求速度不仅不会成功，还会在浮躁的心态里丢失自己的灵魂。

就如韩寒说的："我不认为上海是真正的大城市，真正的大城市是可以安居乐业，而不是冒险家的乐园。"对于大城市里打拼的人来说，这里就是冒险家的竞技之地。每个人都不甘心，每个人都想做到更好，地位更高，薪水更丰厚，最后在疯狂地追赶别人路途中迷失自我，精疲力竭。

慢下来的人才能更好地享受生活的美好，注意到生活的许多小细节。顾城就是一位懂得享受生活的人，他把自己的灵魂放在速度的前面，他在书中说道："人时已尽，人世还长，我在中间，应该休息。"活着的时间有限，有的人已经走了。但是人间的时间又很长，我们只是其中的过客。在天地之间应当休息。他又在书中说自己是任性的孩子："我希望，每一个时刻，都像彩色蜡笔那样美丽。我希望能在心爱的白纸上画画……"

我们自己也应该在忙碌之余，寻找闲暇时间，调整生活的节奏，减缓自己的步伐。我们的生命旅途是有限的，走得太快会跌倒，走得太慢会懈怠。不快也不慢就刚刚好，有忙碌也有闲暇是最佳的状态。美好的事情都藏在生活的点滴里，让灵魂跟得上我们的脚步，生活才更完整。

4. 总和时间赛跑的人是笨蛋

我们有时固执地认为只有在速度中占领先机，才能超过他人获得胜利。这就导致我们活得匆匆忙忙，精疲力竭。

拼命追赶时间的人总会因莽撞而付出代价。只求速度不求质量的我们逐渐变得浅薄起来，逐渐不会主动思考问题，只能看见事态的表面。

小樊给自己定制的年计划有几十条，他每天都会详细地计划自己要做什么，但是由于计划太多，他总是完不成。朋友拜访他，看见这些密密麻麻的便笺纸，就问："你制定这么多事情做得完吗？"小樊说："大部分做不完，但是能做到一部分。"朋友不解道："那就把能做完的部分计划好不就行吗，何必给自己这么多负担？"小樊反驳道："你不懂，我今年都25岁了，再过几年人就到了中年，时间不等人啊！我们不能被岁月甩在身后，多做点事才能变得更强。"朋友笑道："话是这么说，但是每天做这么多事，反而一件都做不好吧！"

小樊觉得朋友不可理喻，便不再理他，继续做着自己计划中的事情。早上他会跑步、看书、学音乐，下午背单词、看视频教程、做课题。结果是单词没背完就到了视频授课的时间，书没看完就到了学音乐的时间，每天手忙脚乱，结果哪样也没做好。

我们自以为很聪明，每天可以做许多事。为了追上岁月的流逝，不惜起早贪黑。时间的滴答旋转在我们眼里变成了指挥前行的路标，心惶恐而焦虑，苦于奔跑，而不停下认真思考一番。

总是和时间赛跑，反而会成为导致鲁莽与盲目的罪魁祸首。我们在奋斗的同时，要用平和的心态去面对时间的流逝。我们无法改变自然法则，不能够让时间停止，那么就让自己停止焦虑与盲目的奔波，静下心来做事情，不急于求成。

临近交课题的日期，在大家都在忙着做课题、找人脉、找工作、去社交的时候，吉米只专心做自己的作品。朋友都找到工作，虽然有的不是很满意但也能做。朋友问他："你的作品做了半年了怎么还没有做完，不如先找份工作做着吧！"吉米摇摇头说："我不想那么浮躁，先把自己的作品做好再说。"朋友看他专心做作品，也不再说什么。

于是吉米花费三年的时间终于把自己的毕业作品做完了，导师夸奖他的作品制作精良，于是提议他去各大独立创作比赛中投稿。结果出乎意料，吉米的作品获得了国外独立创意的奖项，他的名字也被圈内的人所看到。得知他刚刚毕业，几家公司已经上门拜访，想挖掘他去工作。

工作五年，吉米辞职做独立创作。他不急于赶时间，而是严谨地做作品，他常花三四年的时间精磨作品，新作品总能得到大家的好评。

凡是成功的人都会花大量的时间专注地去做同一件事情。他们有耐力和决心去做事，而不像急躁的人为了追赶时间去做事。总是和时间赛跑的人看不清自我的能力，只把眼睛盯向前方。专注自己的人不在乎时间的长短，只在乎过程和结果。

所以我们要合理地管理自己的时间和心态。像吉米一样，善于集中时间。人的精力有限，应把时间集中在重要的事情上，分清主次最重要。每当有不重要的事情要我们来做时，要仔细想一想：这件事情是否需要花费大量的精力去做。我们更不能因做过太多的事情而觉得自己收获颇丰，其表面上解决了许多问题，实际上却是劳而无功。

除此外，还要懂得把握住机会。错过时机，过去的努力就会功亏一篑。另外，在把握住时机获得成功后，我们在保持成功的道路上就要管理两个平行的时间：自我的时间和面对他人的时间。善于处理自己与人际交往之间的平衡，避免与他人的交流而耽误了自己的自由空间。

在把握重要的时间时也不要忘记利用零碎的时间，这些小时间可以来做小的事情，提高工作效率。在工作交流中，提高开会效率，节约别人的时间。

最重要的是不要急功近利，宁可花更长的时间做好一件事，也不要在最短的时间做出很多失败的决定。我们不需要和时间比赛，因为我们永远也比不过时间。

5. 给自己留点时间蓄锐，或者纯粹只是用来浪费

老挝被称为全世界最懒的国家，因为这里的人们生活非常的悠闲，想工作就工作，想休息就休息。我们如果去那边游玩，会看见老挝人常在自己家里开派对，会看到餐厅的服务员坐在凳子上聊天。他们生活拮据，却懂得今朝有酒今朝醉。

当然悠闲而懒散的坏处是生活不够富裕，相反我们为了生活更加富裕，加班熬夜。为了获得更好的工作和机遇，我们每天强迫大脑高速运转，反而失去了休息的时间。

阿岚连夜坐高铁出差，打算利用这点时间做出报表。她连夜加班加点地做，算上前天在公司的时间，一共有二十多个小时没睡觉。结果刚到站她就晕倒了，列车员赶紧把她送去了医院，医生说是得了脑梗。原因是长期用同一个姿势看电脑，压迫了血管，导致血液不畅而凝固。通俗来说，就是“血栓”。

经过四个小时的抢救，阿岚终于苏醒过来，医生警告她：“以后多运动，不可以长时间用一个姿势低头。”这给阿岚很大的教训。

我们工作不懂得节制，健康容易出问题。而且，长期的持续性工作会让我们产生惯性思维，渐渐地大脑不愿意思考，变得麻木。就像演员演戏，如果长期扮演同类型的角色，逐渐就会形成套路，很难再突破自己。长期睡眠不足也会使人变得脾气暴躁，控制不住情绪的波动。

所以我们要给自己留点时间休息，不只是身体上的休息，更应该让精神上得到休息。如果我们不想工作，只想玩，那么强迫性的工作只会不开心，降低工作效率，不如停下来，养精蓄锐，或者纯粹用来浪费。

刘鹜自从当上管理层就没怎么休息过，连续五年来他一直坚持着早起晚睡的状态，虽然已经习惯了这些生活，但偶尔闲下来他禁不住想：退休以后一定要大睡三个月。但是他怕等不到退休就累得动不了，于是决定每年给自己放几天假。那段时间里他什么也不做，单纯放空大脑。

刘鹜找了深山老林的民宿就这么住几天，喝茶，钓鱼，睡到自然醒。每当休息好后，整个人都特别精神，尤其是心情很放松，不像以往那样紧张和焦虑了。

我们在有时间好好休息的时候，要找到适合我们的休息办法。体力劳动者休息的办法就是好好睡上一觉，身体的劳累就会得到有效的缓解。但是脑力劳动者，比如经常坐办公室的人，睡觉往往无法完全解决疲劳。长时间的久坐对身体是百害无一利的，所以我们在休息的时候要多运动。大脑的兴奋需要冷却，就用体能的劳动让精神放松下来。

如果我们没时间去休息，比如睡觉或运动，那就换一种“偷懒”方式。我们知道大脑不止一个区间，它由许多细胞区间组成。当我们长期使用一个区间感到疲累的时候可以换另一个区间工作。例如，我们做了一整天的策划很累很累，进展很慢，我们可以换一个工作内容来做。有些人无法持续研究某一件事物，注意力无法长时间集中，持续走神，这是天生的问题。那么我们可以在工作感到疲惫时换另一份工作内容。交替着工作是很好的延续方法，这样我们大脑的注意力就不会中断，永远有新鲜感，耗损的时长就会减慢。

我们在反复交替的工作中感到厌烦的时候，会出现精神疲累的情况。那么我们要重燃对生活的热情。我们做完一天的工作，如果能感叹出：“又是愉快的一天。”那么这对我们来说是一份好工作。反之，就会疲惫。那么我们要在枯燥的工作之余，不要让生活也变得枯燥。休息的方式不应只是傻睡和贪玩，我们看见许多有能力并且热爱生活的人发朋友圈永远不是抱怨多累，补觉睡了有多久。而是分享生活的乐趣，比如亲手做饭，去野外写生。

所以我们也要学习用“做了什么”来解决累。用积极向上的休息方式来取代消极的方式，比如，把嗜睡改成外出散步；把彻夜狂欢改成去郊区春游；适当的旅行，换个环境对事物充满新鲜感，感受生活的变化，而不要窝在家里打游戏；学习一门技能；多去和朋友交流；做更困难的事情，与之前的工作形成反差，会消除工作上带来的紧张感，比如，去攀岩或者去志愿营喂养危险的野生动物等。

最后，维持生命的延续，才能把我们的努力传递下去，所以我们在奋斗的时候适当的休息是必需的。休息半个月或者几个礼拜，身体会变得更加轻松。怀着饱满的精神再投入到工作当中，对工作能产生更积极的作用。

6. 允许在某些方面别人比自己优秀

我们经常在网上看到一些荒唐的新闻，比如，李某因腿受伤，无法再穿高跟鞋而嫉妒弟妹能穿高跟鞋，怀恨在心，对他们的子女下毒手。比如，某外籍男子进城打工，因一个月未找到工作，看见别人过得好便怀恨社会，对附近学校的学生痛下毒手。这些新闻的原因一方面对自己的能力不自信，一方面是嫉妒别人的优秀。

当这种心理长期蔓延下去，就会出现强烈的反应激化，形成畸形的发展，最典型的特点就是给别人泼冷水，比如，看见朋友在看书，就会说：“装什么装，还不一起去打游戏。”看见别人创业就会说：“创业有什么好，你能挣得过全国五百强吗？”这其实是畸形心理的体现。

王英对比自己能力强且有背景的人怀有很大意见。他经常和别人讨论同事谁谁挣的比他多，长得也比他好看。王英说：“看见隔壁新来的会计吗？听说他父母给他留下两套房子。还不是他爸妈给的，能力很差也不知道怎么来我们公司的。”同事说：“不会啊，我刚刚还跟他要报表，人家是名校毕业，也有多年的工作经验。”王英一听：“那又怎样，没听说过高分低能的人吗？”任同事怎么说，王英都觉得新来的会计没能力。同事说：“你不会是嫉妒他吧！”王英一时间哑口无言。

有些人看不到别人的优点，这是种自卑的心态，当看见比自己优秀的人时，因为知道无论如何也追赶不上别人，就产生谩骂和不承认别人优秀的举动。这会让人变得越来越狂妄自大，以自我为中心。这些人却常常看向别人的脚后跟，紧盯着别人不让其进步，甚至嘲笑努力的人，宣扬“努力无用论”。

所以，我们要改变或者避免产生这种心态，依谢科恩说：“高度的自尊不是骄傲、自大或缺乏自我批评的同义词。自尊心强的人不是认为自己比别人优越，而是对自己有信心，相信自己能够克服自己的缺点。”当我们羡慕别人的优秀，又成为不了别人时，那么我们可以先做更好的自己。

小鹿在一年级的时候就被妈妈带到舞蹈室学习跳舞，别人在压腿的时候，她压不下去。别人在平转跳的时候她摔跟头。连老师都夸不动她了，无奈地对她母亲说：“她真的四肢不协调。”

虽然小鹿很喜欢跳舞，但是她的舞蹈技能和同班的同学之间相差得越来越远。这时候，全班同学的舞蹈都比小鹿更优秀，她知道自己永远也不能成为专业舞者。最后小鹿走上了演艺之路，当上了话剧演员。对于舞蹈来说，小鹿身边的人大部分都比她有天赋，身体协调性也比她强。但是小鹿从不羡慕别人，她知道自己的短处，于是放弃以舞蹈为职业，而将其转为兴趣。

工作之余，她会去舞蹈教室练舞，虽然她跳得还是很差，但是当舞蹈成为兴趣的时候，跳舞成为她快乐的源泉。

允许别人比自己优秀是放过自己，我们更应该把目光看向自身。我们的努力不仅仅是为了超越他人，成为金字塔顶尖的人。我们的努力更多的是为了满足自己，成为超越自己的人。超越自己比起超越别人更加来之不易。

而努力无用论也是无稽之谈，总有人说：“努力有什么用，反正已经输在起跑线上了。”“比你优秀的人比你还努力，所以你真的不需要努力了。”等等话语。但是，在面对成功的维度上，我们要放平心态。要知道天才和成名只是众多庸者中的极个别，大多数人是庸者本身，做好分内的事情，保持自己的初心是最重要的。哪怕一棵不起眼的仙人掌也懂得耐热、耐旱地茁壮成长，它可能永远不会成为像玫瑰、百合那样夺目的花朵，受到更多人的青睐，但是却拥有自己拼搏的回忆，这是最宝贵的财富。

面对优秀的人我们需要坦然接受，并且多和他们交往，学习优秀的能力和品质。我们失败，没有能力，但是不能没有好的态度。愿赌服输是对自我的尊重，若碍于面子通过丑化优秀的人来提高自己的优越感，会使别人慢慢疏远我们。狭隘的心是得不到别人尊重的。坦然接受别人比我们优秀，以平和的心态与他们交往，同时通过和这些优秀的人交流，学到更多优秀的品质，提升自我，通过自身的努力达到成功。

身边没有比我们优秀的人，其实是一种悲哀。就如同赛场上没有竞争对手；生活里没有更优秀的人格；工作中没有人比得过你。这说明我们生活的范围是如此狭隘，或者我们生活在精神的底层。这就会导致我们的思想故步自封，很难再进步。

允许别人比我们优秀是好的品质，寻找更优秀的人做朋友是对我们自己负责任。承认别人的优秀，这一点对于我们来说完全不是丢脸的事情，它更像是双面镜，用来反省我们的不足之处，更容易从客观的角度来看待自己的缺点。

7. 有时候对自己说“差不多”就行了

有人曾说：“世界上的事情最忌讳的就是十全十美。你看那天上的月亮，一旦圆满了，马上就要亏厌；树上的果子，一旦熟透了，马上就要坠落，凡事总要稍留欠缺，才能持恒。”做事时偶尔要对自己说一句：“差不多就行了。”

王一涵做事总想着尽善尽美，工作的时候所有文件一定要全都做好，即使是一些不必要的东西也要做完，同事忍不住提醒他：“这些文件没必要做，浪费时间不说，老板是不会看的，只是走流程的东西。”但是他不听，依旧我行我素。结果是他因为这些不必要的工作浪费了很多时间，交接工作总是最后几名。上司也开始质疑起他的效率问题。王一涵依旧是把什么都往最好的方向去想，他觉得以自己的能力一定能获得更多的报酬，但是想象和预期有很大出入，这让他很失望。失望逐渐转变成焦虑，他觉得自己能获得更多报酬，便拼命工作加班，业余时间还接外单，结果把自己弄得身心疲惫。

年会的时候，他成了公司排名第二的优秀员工，但是他还是觉得自己做得不够，内心反而变得越来越焦虑，看着自己的成绩总是不满足。

他面对事情越来越偏执，在一次决定上做出了小错误，损失了客户名单，之后他陷入深深的自责中，状态变得越来越差。

过于苛求自己会给自己带来很大的负担，过于追求完美的人和完美的事会让我们陷入追逐的旋涡，而看不清眼前的幸福。我们要知足常乐，学会开脱自己，有时候“差不多”就行了。完美在生活中是鲜少存在的，但不完美的事物就不一定不是美好的，像维纳斯的断臂，是一种残缺的美。多在生活中发现美，何必为了完美自寻烦恼。

王铁朝的预期是卖掉四十万的存货，但事不遂人愿，由于天气、路况等原因只卖出了三十五万的货。朋友觉得很可惜，明明可以再努力几把就能全卖出去。王铁朝倒是宽心，觉得卖出这些也算很好。朋友说：“剩下这么多货不会可惜吗？”他说：“可惜是一定的，但是也算是不错的成果，已经拼尽全力在卖了，剩下的货物不要太多就可以了。”下一次进货的时候，王铁朝就少进了一批，他看见哪个近期卖得最好就多进些，有些时候面对不太理想的结果，也不太自责，但是会记住下次不犯同样的错误。

我们在最开始做事情的时候，总是在追求完美，这是所有人所期望的。但是全部都要尽善尽美是不可能的，有些时候，我们无需对须让自己太过劳累，一些没有必要的苛刻我们要尽量避免。我们不妨在做事情的时候简单一点，把心中的预期放低一点，这样我们在处事上就会更轻松自在一些。反之，就会很累，不仅是身体的劳累，心理因无法做到完美而自责、内疚，长此以往，对自我的伤害会非常大。而我们对成功的欲望是无止境的，得到了更多，想得到的就会更多。不停地追逐，不停追赶遥遥无期的前方是疲惫的。

和朋友相处也是如此，对待朋友不要太过苛刻，“差不多就行了”，多发现别人的长处，多倾听别人的心事，“难得糊涂”。我们不应总是处处抢风头。该明白的事情就要明白，该糊涂的时候就假装糊涂。“水至清则无鱼，人至察则无徒。”水太清澈就没有鱼，对别人太苛刻就没有朋友。不仅如此，面对朋友过于关心，过于奉承，过于谦让都不是很好的相处方式。要秉承偶尔的“差不多就行了”的方法，交往要适量，互相包容、互相关心才是正确的相处模式。

在和家人相处的过程中，也要知道爱得太满会令对方窒息，如果双方没有私人空间，就会产生摩擦，对子女管得太多会桎梏住他们的行为，长此以往，子女失去了自我判断的能力，或者是越发想逃离家人的管控。

不管是工作中，还是生活中面对朋友和家人，我们都要秉承不可做太过、做太满。许多事情差不多就可以，完美不一定就是好的，不远不近，不轻不重，做事待人留有余地，才是我们面对生活长久的正确方法。

第十二章 在功利的世界，我们要极简地生活

1. 尝试过过极简生活

“脸书”的创始人扎克伯格拥有个人财产 300 多亿美元，他日常出行的汽车却只是一辆普通的本田。他过着极其简朴的生活，没有豪车，衣着朴素。媒体经常看见扎克伯格和他的家人穿着普通的短袖、拖鞋就出门。并且他们的日常非常低调，很少看到保镖的存在。人们发现他多次穿着一件灰色的短袖出席现场，一次采访时，记者询问他，他说：“那是因为买了许多一模一样的短袖，这样就不会为每天穿什么而耗神，我不想把精力浪费在这些事上，这样就能把精力集中在更好地为社会服务这件事情上。”

如果我们留意就会发现，许多成功人士喜欢过着极简的生活，他们会穿普通的衣服，过着低调的日子。而我们身边那些不肯放弃繁杂生活的人，却会被这些欲念所困住，直至会身心疲惫。

小渔出身一般，上学的时候买不起好东西，常常羡慕别人的生活。工作以后便开始疯狂购物，曾经的奢望对于现在的她来说唾手可得，由于她曾经生活艰苦，现在虽然成了购物狂，但是仍舍不得扔东西，哪怕是一根小皮筋，一张纸，她都觉得有用。长年累月地积攒下来，小渔的房子变得凌乱又繁杂，每次睡觉要把床上的东西搬下来，挪到别处再睡。

朋友去她家做客，进去的时候不禁惊叹道：“小渔，你家东西真多。”朋友转

头看见衣帽间的包，惊呼道："你同个颜色的包买了几十个不会太浪费吗？"小渔说："不会啊！它们每一个款式的都不一样。""但是也没看见你背过啊！"朋友接话道。

薪水越来越多的小渔，从曾经爱读书变成喜欢出去玩，朋友的聚会，商业的聚会她都不会拒绝，尽管有的时候连她自己都觉得一些聚会很无聊。长时间地处在繁杂的世界里，小渔反倒没有以往开心，更多的是为生活的大事小事而烦心。

由于物质的匮乏，有些人幻想早日由简入繁，但当真正获得繁华的世界时又开始怀念简单的过去。我们被各种各样的人和事所牵绊，再不能静下心来思考；面对杂乱的房间和多余的衣物，却无从下手；面对多余的交际想要逃离；面对繁杂的社会对抵抗不住诱惑。

这时候我们需要尝试着从简化生活开始做起，尝试着处于简洁舒适的家里，不为无关紧要的人际关系所烦心，认真考虑每一个诱惑，理性地消费和控制生活节奏。

何展呈工作很忙碌，在工作以外他希望自己的生活是简单不复杂的，同事看见他的桌面很干净，说："何展呈，你怎么不装饰一下自己的办公室？"何展呈说："我希望工作的时候不会被多余的事情分心，所以我把桌面弄得很干净，这样工作起来会全神贯注。"

他陪朋友逛街，朋友看见一双新款球鞋很喜欢，问他要不要也买一双，他说："我已经有类似的鞋了，再买就是浪费了。"

在同事忙于各种应酬的时候，何展呈接连拒绝了这些邀请，声称是浪费时间，他说："可以把更多时间投入到工作和生活中去，只因应酬得来的回报微乎其微。"最后同事为这些聚会累得筋疲力尽，纷纷表示何展呈的提议很正确。

极简的生活可以排除多余的生活杂质，让我们得到更多的生活空间。所以我们要行动起来，尝试一下极简的生活。

我们需要简化物质欲望，不因廉价而囤积过多的物品，宁可买几件质量高的商品也不要买几十件质量差的商品。这样的举措不仅减少了购买时间还会节省很多钱财。

除了在物质上极简，我们还能在精神上做到极简，精神的欲望同物质一样是充满诱惑力的，盲目的追求会使分身乏术，不如选择只专注于一两件事情上，深入学习，而不是浮于表面。

现代社会最受关注的是信息化的产物，但是过多的信息对我们的生活起不到更多的好处，不如简化我们身边的信息量，少看朋友圈，手机里少下载几个软件，少接触网络社会多和身边的朋友接触。

在和朋友的交流中，表达话语要简练，过于啰唆，说废话，管过多的事情，是不会受欢迎的，多数的烦恼是自找麻烦，少管闲事多关心自己。

最后，我们在生活中要多向简化的生活看齐。减缓生活节奏，不做无谓的社交，经常锻炼身体；不过于在意衣服的烦琐，多吃纯天然的食品。

我们尝试这些极简的生活，或许能够帮助我们找到从来没有过的自由，这是在物质的超负荷与信息过量的情况下挣脱出来的自由，极简的同时也不会剥夺生活的乐趣。多尝试极简的生活，去深度挖掘重点，并且珍惜值得珍重的事情，回归本身、寻找真实，这才是极简的含义。

2. 享受独处的美感

叔本华在《意志与命运》中多次提到独处，他说："如果一个让你具备深邃、远大的思想，他甚至会选择独处。因为一个人自身拥有的越丰富，他对身外之物的需求也就越少，别人对他来说就越不重要。"然而许多人不喜欢独处，独处的孤独同外界的热闹繁华形成鲜明的对比，于是情愿投身于繁华之中，淹没在热闹的人海里，尽量让自己摆脱孤独感。

小程的家人对家庭很淡薄，鲜少受到别人关爱的小程很害怕孤独，他最怕独自一个人待在家里。只要不工作，小程就跟着朋友出去玩。久而久之，小程认识的人越来越多。到最后小程连自己独处的时间都没有了，无时无刻都和朋友在一起，吃饭的时候有朋友，出去旅游和朋友一起，没有一点私人空间。

但是他却感到越来越孤独，他发现和这些朋友的共同话题，朋友说的观点他没有认同感，他甚至具有同朋友完全相反的观点。听得多了，小程就开始放弃思考，别人说什么他就附和什么。但是生活变得越发乏味，贫瘠，他开始讨厌和朋友待在一起，却又害怕独处。

我们有不同的生活背景和经历，有些不好的经历会让我们产生困扰和怯懦的心理，从而害怕独处，不懂得享受独处，于是跟随大众盲目奔走，随波逐流。

叔本华说："在独处的时候，一个可怜虫就会感受到自己的全部可怜之处，而一个具有丰富思想的人只会感觉到自己丰富的思想。"

所以当我们对自己充满自信，有丰富的思考问题的能力的时候，我们就更喜欢独处，并且可以享受到独处的美感。

佳音每天都要有至少两个小时的独处时间，虽然他和朋友与家人住得很近，很少有自我的时间，但是他会把早上跑步的时间算在和自己相处的时间里。佳音在跑步的时候会选择家附近的公园，自己戴着耳机跑步，并且享受和自己相处的时光。

这一段时间里，越来越喜欢观察生活，并经常性地反省自己。佳音一直保留着这个爱好，朋友问他："自己独处不会感到孤独吗？"他说："不会的，我自己独处的时候有很多事情可以做，很多问题可以思考，但是和许多人在一起的话就没有独处的时候那么能静下心来想事情了。"

有些人害怕独处的原因有受到社会的看法的影响，经常独处就会给别人一种不合群、孤僻、自私等印象，这些社会上的标签让一些人产生了压力感。压力逐渐转变成对独处的害怕，甚至下意识地认为独处就是孤独的人才会去做的事情。

还有些人把所有的时间和爱都奉献给家人，做不完的家务，辅导孩子学习，睡前还要与孩子做心理疏通。但是在做这些事的时候，也不要忘了自己是独立的人，留点时间给自己，哪怕只是什么也不做，只是安静享受独处的时光。

实际上，经常地独处会让我们更深层次地认识到自我，对事业的创造力更强，自由感更多，甚至是对自然的互动也变得频繁。

所以，我们经历得越多就越喜欢独处的感觉，比起热闹后的孤独，更喜欢灯火阑珊背后的安宁。独处可以放逐自我，人生不过几十载，我们要多和自己相处、沉淀，在独处中发现宁静的美好。我们无论经历着什么，在做什么事，拥有什么样的身份，在多大的年纪，居住在哪座城市，都不要忘记和自己相处。

我们可以选择温和的方式。独自一个人的时候去做一些平时不常做的事情。比如拿一本书，静下心来看，在难得的安静当中寻找书本的乐趣，我们可能会发现那些曾经看过的情节在现在看来又是另一种含义。我们可以在看书的过程中体会书中人的感受。也可以去解读自己，和书中人产生共鸣。

叔本华说："一个真正有内在价值的人，肯定会发现孤身的生活比起与他人在一起更加轻松容易。"独处的美好在于惬意和自由，这时候的我们无须穿戴整齐，或是为了表示友好而假笑，面对外人进行虚假和伪装。我们可以卸下一切包袱，在这一刻做随心所欲的自己。

所以我们的生活无论多么的忙碌，都不要忘记适当地与自己独处。在喧嚣的世界里找到一丝平静，找到属于自己的私人世界。

3. 懂得感激每一次喜悦

李书福作为吉利汽车的创始人，在接受记者采访时讲到，曾经的放牛娃能有今天，已经是感激不尽了。他自述小学放牛赚外快，无心上学，高中没毕业就想着创业赚钱。历尽波折，他感悟道：生命中通往成功的每一步，都需要带着感激的心情。

感激身边的喜悦是我们证明自己存在的方式，而我们若对拥有的一切变得理所当然，我们会变得麻木不仁。

小琳是个多愁善感的人，有时候她的忧愁连朋友都看不下去了。周末和朋友排队买奶茶，小琳和朋友排到号码牌，她看着长长的队伍说道："唉，虽然排到号了，但是又要等好久才能做好。"朋友说："没关系呀，咱们在最前面排着，你看后面的队伍才是惨呢？再说今天休息，有的是时间玩，又不着急。"但小琳还是不开心。

她和朋友吃午饭的时候正好赶上店内抽奖活动，店员说："今天店内十周年店庆，有抽奖活动，最高奖励是免单加200元的优惠券。"两人兴致勃勃地去抽奖，朋友运气差什么奖励也没抽到，小琳抽到了五等奖，店员微笑道："恭喜这位客人，五等奖送玩具娃娃！"但小琳却不开心。朋友说："五等奖也很好，而我只有谢谢惠顾。"小琳反驳道："五等奖有什么好开心的。"小琳总能把好事转变成理所应当，并对自己没能得到更好的待遇而忧愁。

据普拉格阐述的观点来说，有些人之所以不快乐，是因为不懂得感激。人们得到的越多，期望就会越大，一心想着得到它们而不学会感激，快乐会被欲望侵蚀，于是变得越来越不开心。

所以知足常乐，懂得满足是获得喜悦的重要条件。懂得感激是维持喜悦持久的必要因素。

阿芳的课题被导师要求修改了十多次，耐心都被耗光了。同级的研究生和她抱怨：“阿芳，我今天的论文又被要求修改，这是我这礼拜第四次了。”阿芳说：“我也是，但是也要感激导师的负责任啊。”

毕业的时候，阿芳精心撰写的论文被评为省级优秀论文，阿芳的优秀被许多名企看到，不少公司亲自去找她谈工作。阿芳在得知论文获奖的消息时，高兴不已。她一直对自己的导师心存感激之情。

年少的我们喜欢多愁善感，看见电视上的悲情角色会去模仿。但是长大后的我们却希望自己能做到善感却不多愁。我们随着岁月的流逝，知道漫漫长路收获喜悦是来之不易的，生活很艰难，哪怕是一个小的喜悦，也会把我们带入快乐和满足中去。

小说家切斯特顿说：“我坚信感激是思想的最高形式，感恩是奇迹倍增的快乐。”

人们对生活充满感激，就会少些烦恼，少些抱怨，少些忧愁。研究表明，创造快乐的源泉来自我们自身，而依赖别人获得快乐，往往是短暂的，不稳定的。因为他人的因素是不确定的，而我们无法掌控他人的行动和思想。所以我们在面对收获的喜悦时应抱着感激的心情面对它。常怀感激之情的人会变的大度、从容，逐渐脱离无聊、斤斤计较的心态。

在物欲膨胀的年代，我们喜欢强调自身，遇到好事，比如说，出门很顺利，路况刚刚好，完美躲过邻居家狗的追赶，没有被路上的狗屎滑倒。就会不禁觉得自己很厉害，一切尽在掌握之中。而我们遇到坏的事情时，比如，遭遇堵车，出门就下雨，骑摩托的人总是挡道。我们就会生气，产生都是别人过错的想法，喜欢推卸责任。如果我们对身边的小惊喜怀着感激的心态，就会学会谦卑，懂得别人的不易，不给自己的过错找理由。

常怀感激之情让我们内心柔软，更能认清自己的渺小。常怀感激之情的人对于身边的每一个小惊喜都会记在心中。

那么我们如何创造身边的喜悦之情，怀着一颗感激的心态面对世界呢?

不妨把值得感激的喜悦写在纸上，事情可大可小，从一段对话到一次难忘的经历，都可以用笔记录下来。研究表明，这样的行为会让我们的心态变得轻松与平和，身体也越发健康。

我们在寻找喜悦的时候要依靠自己的努力来获得，比如，拥有长久的目标，制订长远的计划，历经磨难的成果。在这些不能够轻易得到，历经重重波折的事情下，我们更容易去珍惜，去感激。通过历经波折的磨难迎来成功的高峰体验，这时候，我们要接纳自己的所有情绪，包括激动得无法控制表情。通过大脑的刺激，去巩固获得喜悦的画面。

面对喜悦要有欲望而不是期望，期望获得关爱，期望成绩优异，期望升职加薪。期望的事情都不是完全能够实现的，期望过多失望越大，失望的时候就不会有感激之情。

所以我们要对身边的小惊喜充满感激之情，这样就不会扩大失望的心情。面对成功和美好的事情，更加懂得感恩，我们看待世界的角度也就不一样。

4. 一路追逐，别忘记沿途的风景

忙于生计的人们一味追逐事业成功，于是加班熬夜，忙碌不堪，鲜少注意周围的美景。对于忙碌的上班族来说一定很少注意周围的慢生活。但在高速发展的北京，人们都忙着上班赚钱，竟然也有这样一辆火车出现，它全程运行 250 公里，一共是 7 个小时时长，火车横跨了北京、河北、山西的诸多名胜景区。坐在这辆绿皮火车上，戴着耳机，望着窗外的美景，像是回到了上一个时代，是个没有手机的世界。

万老板想在一个偏僻的渔村岛上建旅游景区。他出差到那里勘察地况，发现除了部分的资源被买下来外，岛上有一座村子怎么也谈不下来。这些被称为钉子户的当地人令万老板十分头疼。

一天下午，他看见渔夫慢慢悠悠地拿着渔网去打鱼，结果只收获到几条鱼。万老板不解，走向前说："你应该早点起来打鱼，这样挣得才多，生活不再贫困，攒点钱再买条大点的渔船，赚够钱，多招几个人，生意就能做大了。或者签了我们的拆迁协议，领一笔钱，出去闯荡，大城市的机会更多。"渔夫懒懒说道："那然后呢？"万老板说："等有钱了，就可以不用自己动手，每天睡到自然醒，晒晒太阳，打打拳，晚上和朋友打牌、喝酒，过舒适的生活。"渔夫说："嗯，我现在就是在过这样的生活啊！"万老板一时愣住了。

在万老板为了以后的安逸千辛万苦地工作时，渔夫已经享受到了万老板梦想中的生活。我们也在追逐金钱利欲的时候，忘记了停下脚步，观看沿途美好的风景。

我们总是安慰自己等到垂暮之年再去享受生活，再去细细品味路上的风景。但是当我们老的时候是否还有精力去走遍丰富多彩的世界，是否还有一双明亮的眼睛去观看世间的繁华呢？

李闯刚毕业的时候家庭突遭变故，父亲因白血病花光家里全部的积蓄，妹妹也刚念到高中。李闯本想在下个月去考研，而考研的资料已经准备了一年。就在李闯在立刻出去工作和考研之间犹豫不决的时候，父亲看他为难，说道："赚钱的事情不着急，先考研再说，生活总有出路。所有的成功都急不得，不要一味地向前看，也要看看沿途的风景，有没有更多的出路。"

李闯在父亲的鼓励下，决定继续考研，结果他真的考上了省级重点。李闯在研究生期间为了不拖累家庭，也拼命学习，多次获得国家奖金。他帮助导师

做课题，也攒了些积蓄。

趁年轻就要多看看，多走走。不因一时的拘束而丢失许多重要的机会。我们要确信，一位可以静下心来观看风景的人，反而更容易到达目的地。而对于总是把拼搏放在第一位，心态焦躁的人，经常会对事物产生埋怨，他们常常会因急于求成而走向失败。

真正好看的风景不一定是在目的地，而在于与途中一草一木的邂逅。我们可以挑选一段火车，坐在靠窗户的位置，戴着耳机静下心来细细观看眼前的景色，这个时候我们的眼睛就会代替手机记录下美好的风景。这时候的我们会天马行空，想着去更多地方探索。想象着大约在不远的将来，会在某个沿途有可以与我们分享的故事，也未可知。沿途的河流，雪山，一排排的树木，漂浮的云，追逐不到的太阳。还有对火车习以为常的牛羊，远处的麦田，和一小座土房。不如在忙碌的工作中停下来，去大理看一眼苍山、洱海，去西藏看雪山和格桑花。

金钱名利能带来好的东西，但它们并不是生活的全部意义。我们用金钱培养子女，用金钱孝敬父母的时候，他们也需要我们的关爱、理解。亲人们更希望我们身体健康，而不是因工作劳累了自己的身体。奋不顾身的奋斗，执着于寻求金钱而忽视家人，等到想回报家人的时候，可能已经错过了时机。成功、发达了，陪我们驻留看风景的人更多，但我们真心想要的人已经走远。贫穷、困苦，陪我们看风景的人变少，但我们真心实意相处的人还在身边。

所以，我们仍然相信世界上不会缺少为了向自己证明旅行是有意义的人，会因更多的美景而放弃一味向前，去感受更多别人感受不到的景色，因为越来越多的人开始从迷惘和执拗中惊醒，开始寻找自己真正想要的东西。

5. 有时候，善忘是一件好事

我们的记忆有限，抛弃烦琐和不重要的事情，才能记住珍贵，有内涵的事情。有时候我们要主动删除掉自己大脑中无用的信息。所以说，善忘是一件好事，一种大智若愚。

我们的道路很长，背着沉重的包袱让行走的脚步变得越来越缓慢，所以说记忆有时候也是一种负担。

李明宇有一段失败的恋情，只要一闲下来他就会想起这段恋爱。李明宇和朋友吃饭，悠闲的时光本来是开心的，结果李明宇张口说了句："我曾经就不应该和她在一起，这是我最后悔的决定……"之后他跟朋友说了一大串遭遇，朋友连忙制止住他说："打住，李明宇，你要再磨叽你那事，我就再也不跟你一起吃饭了，这段经历你已经跟我讲过不下几十遍了，说说就行了，可以了，打住吧！"李明宇看朋友这么厌烦，也就不再多说，但是李明宇心里还是忘不了这段痛苦的回忆。

忽然他想起曾经被另一个人伤害的事情，他说："要不你听听我另一件悲惨遭遇？"朋友很无奈，李明宇就一直深陷在这些不好的回忆里，一有时间就想一想，苦了自己也苦了身边的朋友。

那些令我们沮丧的回忆，曾经烦心的事情，都应该忘得一干二净。席慕容说："记忆是相会的一种形式，忘记是自由的一种形式。"忘记过去，是摆脱沉重负担的最好方法，是放过自己不去承担痛苦的有效方案。

小佳曾经有一段失败的工作经历，这一段痛苦不堪的回忆折磨了他很久，他决定寻找新的环境，去一个谁也不认他的地方生活。

他来到另一座城市，成了销售员，在这里没有人认识他，渐渐地他也忘记了曾经的经历，小佳觉得生活开始变好，认真工作的他也不再紧抓过去的事情，而是活在当下，开始过正常人的生活。他开始自己做饭，去看舞台剧，体会平淡的生活。小佳发现，想要放下过去，就要学会忘记它们。

有时身体的创伤不如心灵的创伤留下的痕迹深刻，在电影《禁闭岛》中主角因经历战后的创伤而产生了精神问题，面对战争对精神的伤害，他选择了逃避，在自我的意识里给自己换了一种身份来面对生活。

还有许多天灾人祸，这些灾难在十年二十年里会不断侵蚀人的心理，所以健忘是一件好事。

我们记住美好的时候时，要记得忘记不美好。在日常生活中我们可以忘记这几个方面，就会活得更加轻松。首先是忘记时间，我们对死亡和年龄的恐惧常常伴随左右，所以要忘记时间，寻找舒适的生活方式。而不要紧紧抓住时间，这只会让我们精疲力竭。

其次忘记对物质的牵挂。别总想着今天赚了多少，明天能赚多少；今天失去了多少，明天将会失去什么。缠绕在这些名利的漩涡中，会透不过气来。偶尔忘记这些事情，去外面散散步，享受美好的时光，不过分依赖金钱，不追忆过去的名声，对自己来说是一种精神上的释放。

再次忘记不公平。世界是不公平的，我们有时候努力了几十年还不如别人几年的时光。但是这不是谁的过错，人与人的成功与失败不可以互相比较，环境不同，努力的方向不同，机会不同，就有不一样的结果。所以我们要忘掉别人的优越，只对自己奋斗几十年的时间负责。

最后我们要忘记恩怨和他人的心机。多年的恩怨尘封心里，时不时翻出来怀恨一番，痛苦的只会是自己，而伤害我们的人还是怡然自得地活着。我们不是要忘记仇恨，而是要忘记能再次伤害到自己的怨念。当面对他人斤斤计较的心机时，也要记得泰然自若地面对他们，懂得在复杂中寻找单纯，在钩心斗角中寻找平心静气的净土。

莎士比亚说："读书可以帮助你忘记你的悲哀。"我们在平衡自己心态时要记得在书本里寻找答案。为人处事时善忘是很有力的工具，看穿不说穿，心里明白的事情，没必要全部都说出来。不要像前文的例子一样，老是在别人面前倾诉我们的困境，展示自己的懦弱。自己不喜欢的人或事就报之以微笑，许多时候不用完全表露出自己的心态。

6. 学会放松，你需要不紧绷的人生

某家媒体 2018 年采访了 2000 多名受访者，其中有 73.2%的人称自己情绪焦虑，生活时常处于紧绷的状态。采访者声称大部分精神的紧绷来自学习、财富、养老和健康等问题。紧绷的生活让人们开始想方设法地去摆脱它们，但是焦虑依旧没有停止侵蚀我们的生活，越想逃避，反而越贴近我们。

阿雅喜欢健身，并且逢人必称这是自己的解压方式。阿雅刚开始健身是因为想去减肥，结果逐渐从强迫自己减肥变成热爱健身的人。

除了去健身房她也开始在户外寻找运动方式，每当工作压力过大时，她都会去外面跑步，一边跑步一边思考问题的解决方法。有时候她干脆不去想工作上的事情，只认真地跑步。每次跑步过后，再去工作，她反而干劲十足，状态逐渐进入正轨。

她因喜欢运动，参加了市里的马拉松比赛。阿雅对自己的解压方式很满意，喜欢运动的她开始寻找其他的运动项目，滑雪、跳伞等极限运动也是她所喜欢的，阿雅开始从解压变化成为挑战自我，极限运动让她的心理素质更好，做事情更加认真仔细，并且勇于承担后果。

紧绷的人生带给我们的害处多过于益处。

高压的危害有很多，最寻常的就是身体上的问题，连轴转的工作日让我们无法得到休息，抵抗力会下降，出现感冒、头痛和呕吐等症状。严重的会产生心理的抑郁和焦虑。持续性的紧张是导致焦虑情绪产生的重要原因，当我们持续性的处在紧张状态时，随时担惊受怕。比如，因竞争对手太多，随时都有可能失去身边的客户；一个不小心的决定，随时都有可能葬送自己的前程；等等。持续性折磨自己的精神，我们人体的免疫系统会受到损坏。会转化为多种身体疾病，如高血压、溃疡、神经衰弱、肿瘤等等。

所以我们选择一款适合自己的解压方式是最重要的，解压的方式有很多种，但是大致分为两种类型。

一种是生理上的放松，例如文中的阿雅去健身。还有一种是心理上的放松，例如观看搞笑视频来缓解压力。年轻人焦虑喜欢通过网络段子缓解，例如现在流行的“土味视频”“表情包”等等。不时有人这样说：“生活压力大，网友是亲人。”这些现象表明，我们是通过在网上娱乐别人和娱乐自己，来缓解在现实世界的紧张感。

除了选择长时间地玩手机，接收外界更多信息的刺激外，有氧运动也是间接减压的有效方法。超过半个小时的有氧运动可以有效地减缓焦虑的心理。

运动中，最省力的是呼吸的练习，高压力下试着用腹部深呼气与吸气，放松肩膀，用肚子和腹部进行呼吸。

瑜伽在古印度就已经开始产生，它主要的功效除了可以改善形体问题，还可以改善人们在精神和心理方面的“磁场”，对于肉体和精神之间的融合能起到很大作用。

放松情绪的关键点是在于思想的一心一意，就是把思维集中在同一处，放松精神的时候最有效的方式是先闭上眼睛，像市面上的蒸汽眼罩，在闭眼的情况下又加强了眼部的热度来缓解人身体上的紧张感，以达到眼部休息的作用。并且闭上眼睛更不会被外界的事物所干扰，一心一意地放松身心，更是节约了减压的时间和精力。

从中医的角度来讲，压力导致的抑郁可以称之为气结。以及思虑过度会伤脾是大家都知道的事情。气结的例子有很多，比如，绝症患者得知自己的病情后，便逐渐放弃求生的欲望，不会努力去治疗；负债累累的人知道自己永远无法翻身，会放弃努力生活；等等。

所以，压力的关键所在是对高压力事物的恐惧。我们应持续性接触对我们有压力的场景、事物，面对曾经令人头痛的事情，与其回避，不如直接去面对。早日解决我们避之不及的麻烦，是最有效的方法。

7. 静坐冥想让心灵更宁静

近几年，随着张德芬的《心灵三部曲》火遍大江南北，“身心灵修行”和“冥想”渐渐被大众所熟知。“冥想”，源自印度的宗教哲学，是瑜伽的一种修行方式。冥想虽起源于东方，现如今却已经被西方医学界纳入疾病治疗体系（正念治疗）了，有科学证实，通过进行冥想练习，可以帮助人们减轻压力和痛苦。

吴青工作压力很大，因为工作的事情时常吃不下饭，晚上失眠也是常有的事，经常要靠药物来辅助入睡。朋友看他脸色很差，说：“吴青你平时生活是不是不规律啊！”吴青说：“是啊，工作压力大嘛，失眠是常有的事，我感觉我的黑眼圈又深了。”朋友说：“失眠是你太烦躁了，想的事情太多，又想不出个结果。”吴青睁大眼睛说：“对啊，就是这样！”

朋友说：“我最近开始学习静坐养神，静坐的时候就不要想复杂的事情，对身体很好。”吴青也跟着朋友尝试了一下。他在工作日休息时就试着静下心来冥想片刻，因一整天工作而焦躁的心情，因为冥想的作用也稍微缓和了。吴青发现冥想的心理暗示作用很大，之后只要工作中出现焦躁的情绪他就暗示自己平静下来。逐渐的，吴青的性子从急躁慢慢转变为平和，他在休息的时候也克制自己不再想烦心的事情。

心理学家把冥想定义为心灵的修养，这种方法能有效改善人格的特质。长期的冥想可以使人调往正向的人格。如调整不平稳的情绪，思维混乱的心境或者心中的恶念和狭隘。神经科学家认为打坐冥想可以锻炼人对内部干扰的自我调节能力。

据报道，一对夫妻用实际行动证明了冥想对人身体的好处，那就是理查德·戴维森和他的妻子。1974 年他们决定在与世隔绝的深山里进行静坐冥想，在这期间他们不断关注自己的思想和情感上的变化。回到现实世界当中，他们研究得知成年人通过冥想后，大脑的注意力会获得提升，这相当于成年人重新学习一门技能所获得的注意力。不仅如此，长期的静坐冥想还会增强免疫力、提高控制情绪的能力、更快得从压力中解脱。

多数上市公司高管已经开始寻找并实施对工作有效，并能产生幸福感的冥想方式，如在内部工作人员里开设了类似冥想减压的课程；许多高校的商学院也开设了健康与冥想，或是“正念”练习等课程。谷歌高管埃克里也实行了这些减压方式，并且提醒自己用餐时摆脱手中的电子产品。

在冥想中，冥想的人常把注意力放在呼吸的节奏上，而他们的思维是四处漂移的。在察觉到思维散乱的时候，他们会把自己的注意力转换到呼吸上面来。这种方式可以总结为，通过冥想的屏障不去专注外界，只关注自己的心思，透过曾经的记忆来组建全新的自我认知。

长期的冥想会让我们大脑的专注度区域活跃起来，越有经验的静坐冥想者其大脑的专注度区域就越大。据调查，许多成功名人的专注度相对普通人来说较高，其学习的效率就更快。所以冥想的作用可以表现为能够更好地对大脑的认知指标产生控制，其人的注意力相对别人来说更加持久。

此外，静坐冥想同时能产生稳定情绪的心理暗示，资深的冥想者在悲伤出现之前，大脑中与焦虑有关的神经区活动速度比普通人更缓慢，并且对突如其来的悲伤和疼痛的适应速度更快。其中的是，资深的静坐冥想者可以在高压的环境下更轻松地控制和缓冲事情的发生，比如，在众目睽睽之下唱歌，表演等。

简易的冥想可以有效缓解身体和精神上的疲劳。方法是，先设定好我们静坐的时间，比如10分钟。然后坐在椅子上双腿平行或交叉，双手扣放在大腿上，闭目感受自己的呼吸。最后把所有的注意力都放在自己的呼气和吸气当中，想象自己的灵魂在头上方，在设定的时间保持这样的状态。这种方法适合在工作后无法入睡或者公共场合很疲惫但是不能长睡的时候来用，冥想下来比起小睡一觉来说，身体上会更精神，有利于我们快速充电，多次尝试可以缓解我们焦躁的心情。

我们要用严谨科学的态度来看待静坐冥想，要在静坐冥想中了解到其中的奥秘和方法。更重要的是，可以通过以上的结论来了解到静坐冥想的用意和用处。同时静坐冥想可以提高我们的生活质量和健康水平，所以我们在闲暇的时间里，不妨尝试冥想静坐一番。

8. 以愉悦的心情体验平凡的生活

电影《生存家族》中有这样一幕：由于停电，一家人在夜晚点起了蜡烛，他们无法玩手机，无法看电视，于是无聊地走到阳台，发现天上的星星竟然很亮，恍然之间出现了银河。女儿问爸爸，这是银河吗？原来真的有银河。爸爸说，是啊，因为停电，天上的星星更亮了，所以看得清楚。

如果那天没有停电，他们是否还会看得见银河？大概是女儿继续玩手机，父亲去看电视吧！但是生活的全部不止有电子产品，而现在的我们却只看得到手机和电脑，忽略了生活中更多平凡又有趣的小细节。平凡的生活也有不经意的小惊喜，多去观察与感受，会发现原来平凡也有精彩的瞬间。

肖琼和她的丈夫产生了隔阂，离婚的时候法院把她的女儿也判给了对方抚养。肖琼开始厌烦起自己的生活，和家人相处总在不经意间表露出厌世的情绪。她辞掉工作想到乡下小住一段时间，肖琼的外婆在小镇上有处自己的院子，肖琼每天陪着外婆种菜，浇水，做饭。

一天清晨，肖琼起床发现外婆已经早早出门。她开始收拾起屋子，偶然间看见了外婆的记账本，说是记账本但里面也有很多生活的记录。在她看来，外婆的生活十年如一日，但记事本里却把这平凡的生活写得多姿多彩。肖琼反观自己，生活在繁华的大都市，却活得既无趣又刻板，几十年的时光竟然找不出一件有趣的事情来。

大部分人都在过着平凡的生活，我们应当快乐地度过它，那些身在福中不知福的人不如苦中作乐的人幸福，这是主观意识导致的。当我们对自己期待过高，总想着过上成功人士的生活，却苦于得不到时，会产生失落感。而我们的快乐不应只是在别人的对比下产生，专注自己的生活才是对生命最大的尊重。

朋友总觉得小宋做什么事情都不紧不慢，一次他和朋友乘地铁赶路，结果刚刚走到电梯口，朋友在远处看见已经进站的地铁，赶紧拉着他要走，电梯人多，挤来挤去，小宋就说："我们不急，这里人这么多，等下一趟也可以啊，跑这么快要出一身汗。"小宋就是这样的一个人，喜欢慢慢享受午餐，不急不躁地等公车，看书、看电影也是细细品味，不急于赶紧看完。

朋友有时候会羡慕小宋的这种怡然自得的姿态，朋友说："你是怎么做到面对生活的琐事而不感到焦急呢？"小宋说："哪些事情不是生活的琐事呢？凡人活在世上，所做的事情就是琐事啊！早些晚些有什么关系，最重要的是享受过程。”

生活本就是由一些琐事串联而成，平凡的人过着平凡的生活，而生活中的琐事就是我们寻找快乐的源泉。细细品味生活的点滴，会发现平凡人的生活也是那么多姿多彩。

我们要以愉悦的心情体会平凡的生活，品味其中的美好之处。我们要想从低谷和阴郁的环境中走出来，需要的是多思考、观察平凡的生活。不因小事斤斤计较，愁上眉头，或是心胸狭隘，看不惯任何人。与其过着复杂的生活，不如转变心态，过上简单并愉悦的日子。

平凡的生活有平凡的乐趣，我们试着做这些事情来感受生活的美好。

试着早起。上班族总想着在休息的时间里，睡一上午的懒觉，往往到下午或者晚上才起床，结果发现这一天什么事情也没有做。不如试着晚上早些睡觉，早上早起，计划吃早餐，做运动，或者去做别的事情，这时候我们会发现这一天没有被白白浪费掉，原来一天的休息时间可以做这么多事情。并且早起的我们心情也跟着愉悦起来。

把永远在计划中的事情取消。我们总有一些永远在计划的事情，这些事情时不时会出现在脑海里，念念不忘，久而久之就变成想而不得。不如把这些未来想做的事情先划掉，只做当下能做的事情，这样就不会为做不到但是又想做的事情而发愁。而当下的可以完成的事情，就去尽快做好，这会带给自己成就感和愉悦感。

跑到天台吹风。我们在炎热的夏季，整日被空调所环绕，这会影响到身体的健康。闲来无事的时候去天台搭一把遮阳伞，感受微风抚过脸颊的触感，享受生活的点滴时光。

还有许多生活中的琐事值得我们去探索，一些事情的巧合可以使我们瞬间感到愉悦，比如，在刚刚出汗的时候就训练结束；一结束工作就接到朋友相约的电话；走在路上碰到可爱的流浪猫冲你讨食；清晨早起发现万年不开花的植物开了花骨朵；想喝咖啡的时候发现它不热也不冷刚刚好。

平凡的生活中，我们无须急匆匆地赶路，焦灼地度过生命的黄金时刻。不如放慢节奏，以愉悦的心情看待世界，多留一些私人空间，感受属于自己的快乐。